纯距离目标运动分析及应用

王 璐 梁 玥 刘 忠 编著

电子工业出版社

Publishing House of Electronics Industry

北京 · BEIJING

内 容 简 介

本书系统地介绍了纯距离目标运动分析的理论及应用等相关知识。全书共分10章，系统讨论了纯距离目标运动分析涉及的可观测性分析、目标定位与跟踪算法、单站机动航路优化、静止多站站址布局优化等基础问题，并对纯距离系统在水下声学传感器中的应用进行了论述。

本书可作为高等院校相关专业的教学用书和学习参考书，也适合相关领域的科研工作者和工程技术人员阅读。

图书在版编目（CIP）数据

纯距离目标运动分析及应用 / 王璐等编著．—北京：电子工业出版社，2019.4
ISBN 978-7-121-25250-1

Ⅰ．①纯…　Ⅱ．①王…　Ⅲ．①运动目标检测—研究　Ⅳ．①TP72

中国版本图书馆 CIP 数据核字（2018）第 292756 号

策划编辑：张正梅
责任编辑：张正梅　　　特约编辑：刘炯 等
印　　刷：北京七彩京通数码快印有限公司
装　　订：北京七彩京通数码快印有限公司
出版发行：电子工业出版社
　　　　　北京市海淀区万寿路 173 信箱　邮编　100036
开　　本：720×1 000　1/16　印张：14.5　字数：283 千字
版　　次：2019 年 4 月第 1 版
印　　次：2024 年 1 月第 3 次印刷
定　　价：98.00 元

前　言

· · · · · · · ·

通过获取运动目标的距离信息，并利用这些随时间变化的距离序列来实时估计目标运动参数的技术，称为纯距离目标运动分析（Range-only Target Motion Analysis，RTMA）。随着无线传感器网络的不断发展，纯距离目标运动分析在舰艇雷达组网定位、声呐浮标搜潜、舰炮射击协同式检靶等领域中得到越来越广泛的应用。由于纯距离系统本质上的强非线性以及受到应用领域中观测条件的限制，因此，关于纯距离系统的可观测条件、目标定位与跟踪算法、单站机动航路优化、静止多站站址布局优化的理论研究成果很少，尚未形成完整的体系。

本书内容正是基于此背景展开的，将纯距离目标运动分析划分为单观测站和多观测站问题，开展系统可观测性、目标定位与跟踪算法、单站机动航路优化、静止多站站址布局优化的研究，丰富了这一领域的理论研究成果，同时围绕纯距离系统在水下声学传感器中的应用进行了论述。

本书由 10 章组成，主要内容如下：

第 1 章为绪论。介绍了纯距离目标运动分析的概念、研究现状、研究热点及本书的组织结构。

第 2 章研究了单站纯距离系统的可观测性问题。建立单站纯距离系统的数学模型，给出了可观测性定义，分析观测站与目标在不同运动规律下的可观测性条件。

第 3 章研究了单站纯距离系统目标定位与跟踪算法问题。从适用性的角度出发，分别给出了基于最小二乘原理、极大似然估计原理、无迹卡尔曼滤波的改进算法。

第 4 章研究了单站机动航路优化问题。采用可观测度及几何定位散布精度 GDOP 作为衡量目标定位跟踪精度的指标，从全局寻优与单步局部寻优角度分析了观测站在一次转向航路和匀速转弯航路时的优化航路。

第 5 章研究了多站纯距离系统的可观测性问题。建立了多站纯距离系统的数学模型，分析了影响多站纯距离系统可观测性的因素，并与多站纯方位系统、多站距离差系统可观测性条件进行了比较。

第 6 章研究了多站纯距离系统目标定位与跟踪算法问题。从适用性的角度出发，给出了"蛙跳"算法、集中融合式定位算法、基于最小二乘原理的线性迭代法与全局收敛迭代法，以及基于简化入侵式野草优化理论的改进粒子滤波算法。

第 7 章研究了静止多站站址布局的优化问题。通过合理布局多观测站的几何位置，在观测站数量受限的情况下，建立了站址布局优化模型，提高了对目标的定位跟踪精度。

第 8 章研究了纯距离在水下声学传感器网络节点定位中的应用问题。

第 9 章研究了纯距离在水下声学传感器网络目标跟踪中的应用问题。

第 10 章设计了基于水下声学传感器网络的目标跟踪原型系统。

本书在编写过程中，得到了各级领导和机关业务部门的关心和支持。此外，电子工业出版社的支持及指导，为本书出版创造了许多便利条件，在此一并表示衷心的感谢。

在本书的编写过程中，参阅了许多著作和其他参考文献，在此谨向这些材料的原著作者表示诚挚的谢意。

由于作者水平有限，书中难免存在一些疏漏和不足，敬请批评、指正。

编著者
2018 年 9 月

目　录

第1章

绪　论

● ● ● ● ● ● ● ●

1.1　纯距离目标运动分析基本概念

纯距离目标运动分析也称为纯距离目标定位与跟踪,其本质是通过直接或间接手段获得观测站与目标之间的距离信息,并利用这些随时间变化的距离序列实时估计目标运动参数（位置、速度、航向、方位等）的方法。观测站与目标之间的距离信息一般是通过测量观测站与目标之间信号传递的时间（主要利用脉冲测量、扩频测距技术或相位测量等技术获得）计算得来的,因此纯距离目标定位方法也称为 TOA 方法（Time of Arrival，TOA）。TOA 定位方式要求观测站之间、观测站与目标之间时钟统一,所以纯距离定位更适合应用于协作目标之间的协同定位,借助高精度时间同步技术,通过电缆延迟测算、统一授时,可以实现精确时钟同步（误差可达±80ps）。近年来,随着海军网络战的发展,纯距离问题在潜艇隐蔽协同攻击系统的水声传感器网络自组织、目标定位与跟踪等方面具有重要的应用价值。

高技术条件下,潜艇受到敌空中、水面、水下的"立体"威胁,由于水下隐蔽通信手段的限制,潜艇往往采用单艇独立作战的模式,单独完成目标探测、定位与跟踪、占位机动、武器射击和规避机动的过程。随着敌反潜能力的提高,使得单艘潜艇实施隐蔽作战变得越来越困难,不能做到与敌编队相抗衡。在纯方位测量条件下,单艇独立作战的局限性如表 1-1 所示[1]。

表 1-1　单艇独立作战的局限性

主要侧面	主要问题
静=低速航行	潜艇在纯方位观测条件下，为达到对目标状态的稳定跟踪，航速不能低于 6～8 节，此时潜艇噪声较大，无法满足"静"的要求
快=快速攻击	攻击事件主要取决于对目标跟踪达到稳态所需要的收敛时间。潜艇速度越快，获得的方位变化率越大，跟踪收敛越快。在 6～8 节航速，目标初始距离 20km，解算时间通常要 20min，而且即使在潜艇的水下极限航速下，也需要 10 多分钟，与"快"的要求相距甚远
远=远距离攻击	单艇为达到对目标状态的稳定跟踪，一般要做接敌运动，经过十几分钟后，相对目标的距离较近，一般在 10km 左右，丧失了"远"距离攻击的条件
准=精确打击	当不考虑武器等客观因素，在目前声呐性能的约束下，纯方位是一个典型的非线性问题，传统的拟线性算法的距离解算相对精度在 10% 左右，远距离条件下显然失"准"

倘若将多艘潜艇组织起来，进行协同隐蔽水下攻击，则可以突破敌反潜屏障，相互配合取得较好的作战效果，进而大幅度提高潜艇的攻击能力，"静、快、远、准"地打击敌人，并且有效地保存自己。在这一过程中，实现水下隐蔽协同作战最为关键。

水下协同作战是指潜艇指挥控制系统通过电磁和水声信道，从（向）其他潜艇、水面舰艇、岸基指挥所、各种配合侦察兵力等，隐蔽协同地获取（传递）信息，完成对目标进行武器攻击的过程。这种作战方式不仅能够使潜艇观测目标的能力多层化，而且可以使潜艇与海军其他兵力配合实施整体打击，从而大幅提升我海军潜艇部队的作战效能，主要表现在如下方面[2]：

（1）节点与节点之间、节点与潜艇之间利用短距离水声通信的方式实现信息交互，节点之间传递距离信息，完成网络的自组织和自定位，这减少了水声通信的暴露范围，实现了潜艇间的隐蔽协同；利用这种协同，可以保证各艘潜艇在零航速的运行状态下，仍能对敌目标进行精确定位，实现了"安静"的要求。

（2）理论分析表明，多站被动定位问题可以等效成一个"蛙跳"的单站问题，即可以看成一艘高速机动的"安静"潜艇实现对目标定位跟踪的过程[3]；同时，以传感器网络的前方节点作为直接的观测点，感知与目标之间的距离信息，可以大幅度提高目标运动参数的解算时间和求解精度，实现"快速、精确"的要求。

（3）考虑到潜艇受到能源、供给等因素的限制，在执行远海侦察、攻击任务时，通过给上述某些节点加装武器系统（鱼雷、水雷）等，形成攻击节点，扩展成为一种水下战术系统进行使用，利用多节点联合定位跟踪算法解算得到敌目标参数，为攻击节点提供目标指示，进而发动攻击，这可以使潜艇远离作战区域，进一步提高了安全性。

基于水下自组织网络的潜艇隐蔽协同作战系统以声学传感器网络作为水下潜艇通信的骨干网络，利用短距离多跳的通信方式自组织成网络，实现各作战单元间的实时通信，从而在作战编队内进行充分的战场信息交换，形成统一的作战态势和协同攻击策略，使潜艇编队在各种复杂的作战环境下，都具有良好的协同作战能力。潜艇隐蔽协同攻击示意图如图 1-1 所示。

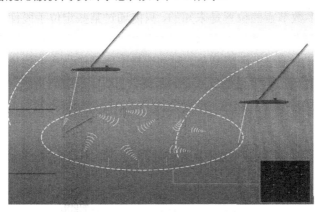

图 1-1　潜艇隐蔽协同攻击示意图

在这样一个复杂的系统中，水声传感器网络的研究是系统的研究基础。水声传感器网络的节点通常由飞机、潜艇或水面舰艇随机放到感兴趣的水域，节点通过短距离多跳的通信方式自组织成网，协作的感知、采集和处理网络覆盖区域中感知对象的信息，并发送给接收者[4]。水下声学传感器网络（水声网）与无线传感器网络特性的比较如表 1-2 所示。

表 1-2　水声网与无线传感器网络特性的比较

典型特征	自组织射频网	自组织水声网
节点数	10～200	5～500
节点可移动性	高	低
节点间距	1～200m	500～5000m
节点连接密度	1～10/节点	1～3/节点
节点丢失频率	高	低
信道质量	高	中等
平均延迟	0.1～0.5s	10～100s

水下声学传感器网络除具备一般自组织网络的性质外，还具有如下特点[5-7]：

（1）通信能力有限。

（2）节点数量多。

（3）网络拓扑结构变化频繁。

（4）计算和存储能力有限。

（5）能量有限。

节点定位问题是水声传感器网络研究中的一个重要问题。由于节点具有小体积、低能耗和低成本的特点，布放到待监测的区域时，不能为每个节点安装 GPS 系统，因此大多数节点的位置是未知的，只能通过某些定位手段使部分节点首先获得自身的位置信息，然后根据这些已知位置的节点，完成整个网络节点的自定位过程。同时，由于水下环境复杂，通常选择声信号作为水下信息传递的主要载体，通过计算时延，间接获得节点间的距离信息，完成节点自定位过程。此时若通过测量角度等手段进行定位，需要为每个节点安装额外的接收装置，不符合节点小体积的特点，易暴露自身。此外，受洋流等因素的干扰，水下传感器的姿态不稳，不容易获得较为准确的角度信息。因此，水下声学传感器网络的节点自定位过程是以距离为观测信息的定位过程。

以距离为观测信息的定位与跟踪还有很多其他方面的应用。如在舰炮射击协同式检靶系统中，纯距离定位因其独特优势，得到越来越广泛的应用。

中大口径舰炮担负着打击水面舰船、岛/岸目标的任务，同时具有一定的拦截来袭飞航式导弹、固定翼飞机、直升机和其他空中目标的能力，在岛礁争夺等海上作战和护航等国家海洋权益维护方面发挥着重要作用[8]。目前中大口径舰炮实弹射击训练脱靶量检测，基本采用人工方式，不可避免地存在测量和操作误差，评估结果不客观。为实现实时自动精确检靶，引入了无线传感器网络技术，通过测量加装合作声学信标的目标，采用协作定位模式，利用纯距离信息对弹丸进行准确定位跟踪。

1.2 纯距离目标运动分析的研究现状

与纯方位及 TDOA 定位方法已取得相对丰富的理论研究成果不同[9-13]，目前关于纯距离目标运动分析的理论成果很少，尚未形成系统的理论体系。

1.2.1 可观测性分析的研究现状

纯距离系统的可观测性条件研究是纯距离目标运动分析理论研究的基础，只有在满足系统可观测的前提下，进一步研究目标定位与跟踪算法、单观测站的机动航路优化、多观测站的站址布局优化等问题才有意义，而且系统对目标实现定位与跟踪的精度、收敛速度及稳定性，在很大程度上受系统本身可观测性的影响。

国外关于可观测性分析的研究始于 1981 年，最初是 S.C.Nordone 和 V.J.Aidala 在二维平面内通过对观测方程进行伪线性化的方法，得出了纯方位系统中关于匀速直线运动目标的可观测性结论[14]，1985 年，S.E.Hammel 和 V.J.Aidala 在此结论的基础上进行了三维空间的扩展[15]，但是利用伪线性方法得到的目标状态估计是有偏的。1988 年，E.Fogel 和 M.Gavish 在三维平面内，通过建立 N 阶目标运动方程，在连续时间域内得到了系统可观测性的充分必要条件，同时也指出利用微分方程得到的可观测性条件是必要的，非充分的。但是该方法具有一定的局限性，面对较为复杂的运动模型，如 Singer 模型时，就不能再使用多项式方程的形式描述目标运动状态[16]。1996 年，T.L.Song 在三维平面内，通过建立伪测量方程，得到了在一般条件下系统可观测的充分必要条件[17]，克服了上述方法的不足。同时该文献也指出，由于是在直角坐标系下建立数学模型，所得结论缺少状态变量和系统可观测性之间的直接关系，很难评估在系统可观测性条件不满足时，哪个状态变量是不能观测的，因此通过观测站机动提高系统的可观测性也变得十分困难。同年，T.L.Song 在修正极坐标系下分析了系统的可观测性，并且在修正极坐标下得到的目标状态估计器是渐进无偏的[18]。此后，研究学者进一步深入研究分析各类系统可观测性条件的方法，丰富和完善了系统的可观测性理论成果[19-26]。

国内学者对于系统可观测性的研究始于 1977 年，且主要是针对纯方位系统展开研究。刘忠对匀速直线运动单观测站纯方位系统的可观测性进行了研究，得出了目标部分状态参数（相对航向、相对速度与初距之比）可观的结论[27]，此后又对纯方位系统不可观测的情形进行了详细的研究分析，形成了比较完整的关于纯方位系统不可观测性的结论[10]。李洪瑞对观测方程进行线性化近似，通过推导 Grammer 矩阵行列式的解析表达式，得到纯方位系统可观测性的充要条件[28]，并详细分析了连续纯方位系统不可观测时，观测站可能的运动轨迹有哪些，为约束条件下观测站的机动提供了依据[29]。国内学者石章松、许兆鹏、吕文亭等又陆续对多站纯方位系统、三维空间内方位系统的可观测性条件进行了研究[30-33]，目前关于纯方位系统的可观测性研究已形成比较丰富的理论成果。

但是，上述有关系统可观测性研究分析的相关方法和结论，主要针对纯方位系统或利用多源测量信息（如频率、时延）的无源定位系统，可公开参阅关于纯距离系统可观测性的文献很少。

1.2.2 目标定位与跟踪算法的研究现状

纯距离系统的目标定位与跟踪问题属于非线性滤波问题，而非线性滤波理论的发展可以划分为线性化近似和非线性化近似两个阶段。在线性化近似的发展阶段，扩展卡尔曼滤波算法（Extended Kalman Filter, EKF）[34]及其各类改进算法[35-42]是学者研究的重点。而后，非线性滤波理论的发展进入了非线性化近似的发展阶段，提出了无迹卡尔曼滤波（Unscented Kalman Filter, UKF）[43-61]、粒子滤波（Particle Filter, PF）[62-71]等算法。

其中，UKF 算法采用确定性采样策略，通过无迹变换来近似高斯随机变量在非线性系统中的传递[45]，可以更好地近似随机变量经过非线性变化后的均值和方差，其估计性能优于 EKF 算法。然而，在实际应用中，UKF 算法仍然存在滤波收敛速度、精度等问题[58]。针对这些问题，各种改进 UKF 算法陆续提出。R.Meiwe 在 2001 年提出了平方根无迹卡尔曼滤波算法[72]，在递推计算中将协方差替换为协方差的平方根，有效地解决了由于协方差负定导致的滤波发散的问题。R.Zhan 在 2007 年提出了迭代无迹卡尔曼滤波算法（Iterated Unscented Kalman Filter, IUKF）[73]，通过迭代重新采样提高非线性近似程度，进一步改善了滤波效果。国内学者石勇在 2011 年提出了自适应 UKF 算法，为了得到未知系统噪声的统计特性，提出了改进的 Sage-Husa 估计器，在满足在线估计系统噪声统计特性的同时，判断并抑制了滤波发散的情况，因而有效地提高了滤波算法的精度和稳定性[74]。

与 UKF 算法的确定性采样不同，PF 算法采用随机采样策略，通过产生大量表示系统状态变量的附带权值的粒子，利用特定的统计策略组合估计关于状态变量的概率密度函数。但是 PF 算法存在权值退化和粒子集匮乏的问题，因此关于 PF 的改进策略一直是研究学者的热点，出现了如 Unscented 粒子滤波算法[75]、高斯和粒子滤波算法[76]、辅助粒子滤波算法[77]、Marginalized 粒子滤波方法[78]等方法。薛锋提出了约束条件下的粒子滤波算法[79]，并将其成功应用于纯方位目标定位与跟踪中；梁玥提出了基于遗传算法的改进粒子滤波算法，通过使用选择算子、交叉算子及变异算子，改进了算法的性能[80]；宁小磊提出了加权逼近粒子滤波算法[81]，通过对预测粒子集样本进行预处理，增加了有效样本数，有效解决了粒子多样性退化的问题。

但是，上述非线性滤波算法大多应用于纯方位系统，并未在纯距离系统中得到应用。

1.2.3　单观测站机动航路优化的研究现状

从 20 世纪 90 年代开始,国内外学者在研究纯方位系统可观测性条件及目标定位与跟踪算法时发现,观测站机动航路与系统可观测性、目标定位与跟踪精度之间有很大的关系,选择合适或优化的机动航路不仅可以改变系统的可观测性,而且可以提高目标定位与跟踪算法的性能[82-96]。

从 1989 年开始,国外学者 S.E.Hammel、P.T.Liu 和 J.P.Helferty 等人对观测站的机动航路优化问题进行了深入研究,先后提出了定位误差的椭圆面积最大和最小化定位误差的下界的评价性能指标,得出了匀速运动的单观测站对静止目标的优化航路是前置追击曲线的结论,其中,定位误差的椭圆面积可用 Fisher 信息矩阵(Fisher Information Matrix,FIM)行列式的值来表示,最小化定位误差的下界可用克拉美罗下限(Cramer-Rao Low Bound,CRLB)的迹来表示。1998 年,J.M.Passerieux 和 D.V.Cappel 提出了两种优化性能指标:最优化全局精度−$\ln[\det\{FIM\}]$ 和距离精度 $h' \cdot (FIM)^{-1} \cdot h$,通过构造 Hamilton 函数,得到了二维平面内利用测向信息对匀速运动目标定位与跟踪的最优运动轨迹是曲折臂(Multi-leg)曲线的结论[87]。1999 年 O.Tremois 和 L.J.Cadre[88,89]采用外代数理论,通过分解 FIM 矩阵,得出观测站机动航路的最优速度应该是观测站具备最大速度的结论。

国内开展观测站机动航路优化问题研究主要经历了两个阶段[27,28,97,98],一是定性阶段,主要是根据经验制定观测站航路的机动方案;二是定量阶段,开始定量地计算目标定位精度与机动航路优化之间的关系问题。董志荣提出了纯方位系统定位与跟踪的本载体最优轨线方程[97];石章松基于目标定位跟踪精度下限CRLB,提出使用定位精度的几何解释(Geometrical Dilution of precision,GDOP)作为优化性能指标,采用数值寻优计算的方法,对纯方位目标跟踪中的观测器航路机动优化进行了研究[99,100];张武基于最优控制理论建立最优观测者轨迹的优化模型[101],运用解析法得到全局精度指标下常速率观测者最优航向的必要条件。

但是,以上研究都是针对纯方位系统展开的,并未涉及对纯距离系统航路优化的研究。

1.2.4　静止多观测站站址布局优化的研究现状

多观测站协同定位可以利用多个静止观测站,从不同方向同时探测目标,从而提高目标定位与跟踪的精度和速度。但是观测站与目标、观测站与观测站之间构成的几何关系不同，对同一位置的目标定位精度有很大差异[102-107]，即多站站址布局是影响定位精度或定位误差[108,109]的一个重要因素。目前常用的衡量定位精度或定位误差的表示方法有：均方误差（Mean Square Error，MSE）与均方根误差（Root of Mean Square Error，RMSE）[110]、平均定位误差[111]、定位精度的几何解释 GDOP[112]和等概率误差椭圆[113]等。

目前国内主要研究方向是对纯方位系统和时差系统的多站站址布局进行优化，取得了一些成果[114-120]。刘若辰针对 T-R^n 型多基地声呐系统，利用发射站和接收站到目标的"距离和"信息，通过定位精度的几何解释对站址布局展开讨论[121]；朱伟强提出了"站间构型测度"的概念[122]，研究时差系统中三站构成三角形的面积与定位精度之间的关系；顾晓东分析了纯方位系统的测向线交会角大小与定位精度之间的关系[123]；牛超提出联合 GDOP 值和监控区域大小为复合指标，研究了多基地雷达布站优化模型[124]。

关于纯距离系统多站站址布局的研究，仅孙仲康研究了只用距离信息进行定位的 T-R^n 型多基地定位系统的站址布局对定位精度的影响[9]，但也只涉及了三站的部分情况，并未对静止多站的站址布局优化进行研究。

1.2.5　基于纯距离的水下声学传感器网络节点自定位算法的研究现状

按照传感器是否具有测距能力，可将节点自定位算法分为基于距离的定位算法和估计距离的定位算法。前者需要测量节点之间的实际距离，主要的测距技术包括 TOA、TDOA[125]、AOA[126]和 RSSI[127]，代表性算法包括 Generic 算法[128]、Cooperative 算法[129]、N-Hop 算法[130]、DV-Distance 算法[131]、Euclidean 算法及 DV-Coordinate 算法等。后者利用节点之间的估计距离来计算节点的位置，其主要的定位算法包括 Centroid 算法[132]、DV-Hop 算法、Amorphous 定位算法[133]、APIT 算法[134]及 MDS-MAP 算法[135]等。同时，有研究表明基于距离信息的定位算法比基于估计距离信息的定位算法具有更高的精度[136]。

上述所列的定位算法是无线传感器网络中典型的定位算法，目前大多数水下声学传感器网络的节点定位算法是基于对上述算法的改进，并未就水下环境的特点如锚节点稀疏、误差累积效应明显、通信带宽有限和时延严重以及数据传播过程冲突严重[137]等特点进行深入的研究。因此，对水下声学传感器网络的节点定位算法有待于进一步的研究。

1.2.6 基于纯距离的水下声学传感器网络目标跟踪算法的研究现状

在无线传感器网络的许多实际应用场景中,跟踪目标是一项基本需求。按照信息的处理方式,可以将基于无线传感器的定位跟踪算法分为集中式和分布式;按照跟踪节点的位置是否已知,可以将跟踪算法分为以节点为中心的跟踪算法和以位置为中心的跟踪算法。就已公开的文献和技术资料,国外对于基于无线传感器网络的跟踪算法的研究,主要包含如下 5 个重要方面[138]:基于二元探测的目标跟踪算法,如 CTBD[139] 和 BPS[140];基于精确定位的跟踪算法,如 DSLT[141] 和 DCATT[142];时空组合定位算法,如 DSTC[143]、BB[144]、Beamforming 组合算法[145]、自适应目标跟踪算法[146]及基于粒子滤波的跟踪算法[147]等。

国内基于无线传感器网络的目标跟踪算法方面的研究主要集中在节点优化部署和数据融合方面,从掌握的文献情况来看,南京理工大学[148,149]、华南理工大学[150]、国防科技大学和海军工程大学[151]等几家研究机构在目标跟踪算法方面做了一定的研究工作,而且多集中在分布式粒子滤波算法方面,对于有限资源条件下,特别是有限带宽条件下的水下目标跟踪算法还需进一步的深入研究。

1.3 纯距离目标运动分析的研究热点

目前关于纯距离目标运动分析的理论成果很少,对系统的可观测性、算法的定位跟踪性能、单站航路优化、多站站址布局优化等问题尚未形成系统的理论体系,需进一步深入研究。

目前的研究热点主要有两个方面。

1. 理论方面

对于单站纯距离目标定位,获得的测量信息是观测站与目标之间的距离,观测方程的非线性程度比较高;通过定位圆相交的定位方式决定了单站必须通过连续测距才可实现对目标的定位与跟踪,而且观测站的运动航路必须要符合系统的可观测性条件。因此,单站纯距离目标运动分析中需要解决的主要理论问题有系统可观测性条件、目标定位与跟踪算法以及观测站机动航路优化。

在单站机动能力受限或隐蔽战术条件下,要想实现对目标的有效定位,必须采取多站协同合作定位。但是由于纯距离定位本质上是通过圆圆相交实现定位的,因此,对多站协同定位算法及站址布局有更多的要求。多站纯距离目标运动分析中需要解决的主要理论问题有系统可观测性条件、目标定位与跟踪算法及静止多站站址布局优化。

2. 应用方面

随着海军网络战的发展，水下声学传感器网络的研究热度增强，由于水下环境复杂，通常选择声信号作为水下信息传递的主要载体，通过计算时延，间接获得节点间的距离信息，完成节点自定位过程。因此，研究基于纯距离的水下声学传感器节点定位及目标跟踪的应用要求变得很强烈。

1.4 本书的组织结构

由于纯距离目标运动分析的理论研究尚处于起步阶段，因此本书主要针对该理论问题开展基础性的研究工作。由于在水下定位跟踪问题中，水面目标的运动通常可视为二维平面运动；而当水下目标处于平稳状态时，其航行深度一般在200m 以内，与应用中的跟踪距离（通常在万米以上）相比，可以忽略深度的影响，因此本书主要在二维平面内研究水下目标的定位与跟踪问题。

主要研究内容可以归结为三部分：

（1）单站纯距离系统目标运动分析。具体内容参见第 2~4 章。其中，第 2 章主要从理论分析的角度，研究单站纯距离系统的可观测性条件，只有在满足系统可观测的前提下，进一步研究目标定位与跟踪算法、单观测站的机动航路优化才有意义，因此，这一章的研究内容是开展第 3 章和第 4 章研究的理论基础。第 3 章基于实际定位应用时测量误差的干扰，研究从随时间变化的多次观测数据中求解目标运动参数的目标定位与跟踪滤波算法。第 4 章主要解决单站机动航路优化问题，重点研究单观测站机动航路对目标定位与跟踪精度的影响，对机动航路进行优化分析。

（2）多站纯距离系统目标运动分析。具体内容参见第 5~7 章。其中，第 5 章主要从理论分析的角度，研究多站纯距离系统的可观测性条件。第 6 章则在观测站自身机动能力受限或隐蔽条件约束的情况下，研究采用多站协同定位方式的目标定位跟踪算法。第 7 章主要研究静止多站站址布局对目标定位精度的影响，在观测站数量受限的情况下，通过合理布局各观测站之间的几何位置关系提高对目标的定位性能，对多站站址布局进行优化研究。

（3）纯距离目标运动分析的应用。具体内容参见第 8~10 章，主要研究纯距离系统在水下声学传感器网络节点定位、目标定位跟踪中的应用问题，并设计了目标跟踪原型系统。

单站纯距离系统可观测性分析

• • • • • • • •

2.1 引言

可观测性分析是目标运动分析的一个重要内容,它不仅是目标状态是否有解的判据,而且还决定着目标状态估计的滤波结构。只有在满足系统可观测的前提下,进一步研究目标定位与跟踪算法、单观测站的机动航路优化、多观测站的站址布局优化等问题才有意义,因此,这一章的研究内容是开展第 3~6 章研究的理论基础。

线性系统的可观测性有着明确的概念,关于非线性系统的可观测性,Kou曾提出了可观测性的比例条件和半正定条件。Lee 和 Dunn 等人又进一步指出[9],对于非线性系统

$$\dot{x}(t) = f(x(t), t), x(t_0) = x_0 \tag{2.1.1}$$

$$y(t) = h(x(t), t) \tag{2.1.2}$$

如果对于凸集 $S \in R^n$ 上的所有 x_0 ,都有

$$M(x_0) = \int_{t_0}^{t_1} \Phi^{\mathrm{T}}(\tau, t_0) J^{\mathrm{T}}(\tau) J(\tau) \Phi(\tau, t_0) \mathrm{d}\tau \tag{2.1.3}$$

是正定的,则系统在 S 上是完全可以观测的,式中:

$$J(t) = \frac{\partial h(x, t)}{\partial x} \tag{2.1.4}$$

$\Phi(t, t_0)$ 是 $\partial f / \partial x$ 的转移矩阵。这种在线性系统可观测性 Grammer 阵中,用相应的 Jacobian 矩阵代替状态转移和测量矩阵,以 Grammer 阵的正定性来检测非线

性系统可观测性的方法，已得到工程上的应用。

对于上面系统的离散形式

$$X_k^M = \boldsymbol{\Phi}_{k,k-1}^M X_{k,k-1}^M \tag{2.1.5}$$

$$Z_k = h_k\left(X_k\right) \tag{2.1.6}$$

状态方程是线性的，观测方程是非线性的，则一个等价的结论是，对于初始集 S 中的 $X_{k_0}^*$，记

$$\boldsymbol{M}\left(k_0, k_0 + N - 1\right) = \begin{pmatrix} J_{k_0} \\ J_{k_0+1}\boldsymbol{\Phi}_{k_0+1,k_0} \\ \vdots \\ J_{k_0+N-1}\boldsymbol{\Phi}_{k_0+N-1,k_0} \end{pmatrix} \tag{2.1.7}$$

其中 Jacobian 矩阵

$$\boldsymbol{J}_j = \frac{\partial h_j\left(X\right)}{\partial X}\Big|_{x=x_j} \tag{2.1.8}$$

如果存在正整数 N，使得

$$\mathrm{rank}\boldsymbol{M}\left(k_0, k_0 + N - 1\right) = n \tag{2.1.9}$$

则系统在 S 上是完全可观测的。

本章主要研究满足单站纯距离系统的可观测性条件问题，为目标状态是否有解提供判断的依据。

2.2 系统数学描述

选择合适的坐标系以及运动状态矢量便于对可观测性问题进行分析和比较，这里主要给出三类坐标系，分别是直角坐标系、改进极坐标系和极坐标系。其中，直角坐标系比较适合描述目标静止、观测站运动时的系统状态；极坐标系比较适合描述目标运动、观测站静止时的系统状态。

2.2.1 直角坐标系下的系统数学描述

假定目标静止，观测站运动，只考虑运动平面的两维情形，坐标系如图 2-1 所示。取 Y 轴为北，X 轴为东，坐标原点为观测站的初始位置。假设目标的位置为 $X = [x, y]^\mathrm{T}$，x 为目标位置的 X 轴分量，y 为目标位置的 Y 轴分量。观测站

进行等时间间隔的 k 次观测，其运动状态向量为 $\boldsymbol{X}_{wk} = [x_{wk}, y_{wk}, v_{wkx}, v_{wky}]^{\mathrm{T}}$，$x_{wk}$ 为第 k 次观测位置的 X 轴分量；y_{wk} 为第 k 次观测位置的 Y 轴分量；v_{wkx} 为第 k 次观测时速度的 X 轴分量；v_{wky} 为第 k 次观测时速度的 Y 轴分量；r_k 为第 k 次观测时目标与观测站间的距离。

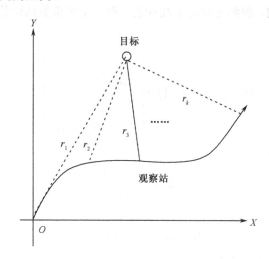

图 2-1　直角坐标系下的运动几何

2.2.2　极坐标系下的系统数学描述

极坐标系主要用来描述静止观测站、匀速直线运动目标的状态，如图 2-2 所示。观测站位于极点，k 时刻目标与观测站之间方位角 β_k 由极角表示，目标的位置矢量为 r_k；记从观测站到目标轨迹的最近点，即航路捷径点为 CPA，到 CPA 的位置矢量为 r_c，从 CPA 到目标的矢量为 $l_k = r_k - r_c$。从 $k-1$ 时刻到 k 时刻的位移为 $m_k = r_k - r_{k-1}$。目标的位置和速度状态由 r_k 与 m_k 表示。定义标量

$$m_k = |m_k| \tag{2.2.1}$$

$$L_k = l_k \cdot m_k / m_k \tag{2.2.2}$$

及

$$D = \begin{cases} |r_c| & (\text{若由} r_c \text{转到} V \text{的方向是顺时针的}) \\ -|r_c| & (\text{若由} r_c \text{转到} V \text{的方向是逆时针的}) \end{cases} \tag{2.2.3}$$

定义航迹法线的偏角为 α，则直线运动目标的运动状态完全由 D、L_k、m_k、α 四个参量来描述。对于周期性向外辐射的匀速直线运动目标来说，k 即为时间间隔，则各时刻的位移量相等，$m_j = d$ ($j = 1, 2, \cdots$)，且 $d \neq 0$。目标运动的状态

向量可描述为 $\boldsymbol{X}_k = [D, L_k, d, \alpha]^{\mathrm{T}}$。

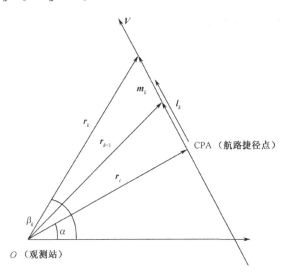

图 2-2　观测站和目标在极坐标系下的几何关系

2.2.3　修正极坐标系下的系统数学描述

修正极坐标系下，目标与观测站的运动态势如图 2-3 所示，目标与观测站之间的运动状态为 $Y(k) = [\dot{\beta}, \dot{r}/r, \beta, 1/r]^{\mathrm{T}}$，式中 β 表示目标与观测站之间的方位角，r 表示目标与观测站之间的距离。

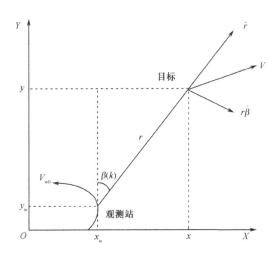

图 2-3　目标与观测站在修正极坐标系下的运动态势

2.3　系统可观测性定义

假设目标静止，位置坐标为 $X = (x, y)^{\mathrm{T}}$，目标与坐标原点的距离为 r。运动观测站进行 n 次等时间间隔 ΔT 的观测，第 k 次观测时观测站的位置坐标为 $(x_{sk}, y_{sk})^{\mathrm{T}}$，观测站与坐标原点的距离为 d_k，观测站与目标的距离为 r_k，$k = 1, 2, \cdots, n$。

根据上述条件，可列如下方程组：

$$\begin{cases} (x - x_{s1})^2 + (y - y_{s1})^2 = r_1^2 \\ (x - x_{s2})^2 + (y - y_{s2})^2 = r_2^2 \\ \vdots \\ (x - x_{sn})^2 + (y - y_{sn})^2 = r_n^2 \end{cases} \tag{2.3.1}$$

$$\begin{cases} x_{s1}^2 + y_{s1}^2 = d_1^2 \\ x_{s2}^2 + y_{s2}^2 = d_2^2 \\ \vdots \\ x_{sn}^2 + y_{sn}^2 = d_n^2 \end{cases} \tag{2.3.2}$$

$$x^2 + y^2 = r^2 \tag{2.3.3}$$

联立上述方程组，可以得到：

$$\begin{cases} (x_{s2} - x_{s1})x + (y_{s2} - y_{s1})y = \dfrac{1}{2}\Big[(r_1^2 - r_2^2) - (d_1^2 - d_2^2)\Big] \\ (x_{s3} - x_{s2})x + (y_{s3} - y_{s2})y = \dfrac{1}{2}\Big[(r_2^2 - r_3^2) - (d_2^2 - d_3^2)\Big] \\ \vdots \\ (x_{sn} - x_{s,n-1})x + (y_{sn} - y_{s,n-1})y = \dfrac{1}{2}\Big[(r_{n-1}^2 - r_n^2) - (d_{n-1}^2 - d_n^2)\Big] \end{cases} \tag{2.3.4}$$

式（2.3.4）可记为：$\boldsymbol{AX} = \boldsymbol{B}$。

式中

$$\boldsymbol{A} = \begin{pmatrix} x_{s2} - x_{s1} & y_{s2} - y_{s1} \\ x_{s3} - x_{s2} & y_{s3} - y_{s2} \\ \vdots & \vdots \\ x_{sk} - x_{s,n-1} & y_{sk} - y_{s,n-1} \end{pmatrix}; \quad \boldsymbol{B} = \begin{pmatrix} \dfrac{1}{2}\Big[(r_1^2 - r_2^2) - (d_1^2 - d_2^2)\Big] \\ \dfrac{1}{2}\Big[(r_2^2 - r_3^2) - (d_2^2 - d_3^2)\Big] \\ \vdots \\ \dfrac{1}{2}\Big[(r_{n-1}^2 - r_n^2) - (d_{n-1}^2 - d_n^2)\Big] \end{pmatrix}$$

设

$$M = A^{\mathrm{T}}A = \begin{pmatrix} m_{11} & m_{12} \\ m_{21} & m_{22} \end{pmatrix} \qquad (2.3.5)$$

式中

$$\begin{cases} m_{11} = (x_{s2} - x_{s1})^2 + \cdots + (x_{sn} - x_{s,n-1})^2 \\ m_{12} = m_{21} = (x_{s2} - x_{s1})(y_{s2} - y_{s1}) + \cdots + (x_{sn} - x_{s,n-1})(y_{sn} - y_{s,n-1}) \\ m_{22} = (y_{s2} - y_{s1})^2 + \cdots + (y_{sn} - y_{s,n-1})^2 \end{cases} \qquad (2.3.6)$$

则方程组 $AX = B$ 可写为:

$$MX = A^{\mathrm{T}}B \qquad (2.3.7)$$

式中

$$A^{\mathrm{T}}B = \frac{1}{2}\begin{pmatrix} (x_{s2} - x_{s1})[(r_1^2 - r_2^2) - (d_1^2 - d_2^2)] + \cdots + (x_{sn} - x_{s,n-1})[(r_{n-1}^2 - r_n^2) - (d_{n-1}^2 - d_n^2)] \\ (y_{s2} - y_{s1})[(r_1^2 - r_2^2) - (d_1^2 - d_2^2)] + \cdots + (y_{sn} - y_{s,n-1})[(r_{n-1}^2 - r_n^2) - (d_{n-1}^2 - d_n^2)] \end{pmatrix}$$

$$(2.3.8)$$

方程组 $MX = A^{\mathrm{T}}B$ 有唯一解的充要条件是系数矩阵(可观测矩阵)和增广矩阵的秩相等,且等于未知向量的维数,即 $R(M) = R(M \mid A^{\mathrm{T}}B) = 2$。此时,纯距离系统的可观测性可定义为[152]:

纯距离系统的可观测性就是可以唯一确定目标运动状态向量的判别准则。

但是,系统不可观测包含了两层含义:一是完全不可观测,即表示目标运动状态向量的所有参数都不可知,无法提供关于目标的任何运动状态信息;二是不可完全观测,即虽然无法实现对目标的定位跟踪,但目标部分运动状态参数可观测。

2.4 系统可观测分析

本节在观测站与目标分别在静止、匀速直线运动及匀加速直线运动的状态下,研究系统可完全观测、不可完全观测、完全不可观测的问题[153-155]。

2.4.1 观测站静止、目标静止时的系统可观测性分析

假设观测站位置坐标为 $(x_s, y_s)^{\mathrm{T}}$,目标位置坐标为 $(x, y)^{\mathrm{T}}$,由 2.2.3 节定位

方程可知，此时的观测方程为 $(x-x_s)^2+(y-y_s)^2=r^2$，显然该方程没有唯一解，此时系统完全不可观测。

结论 1：当观测站静止、目标也静止时，系统完全不可观测。

2.4.2　观测站静止、目标匀速直线运动时的系统可观测性分析

证明：极坐标系下目标的运动状态如图 2-2 所示，可列目标的状态方程如下：

$$X_k = \boldsymbol{\Phi}(k,k-1)X_{k-1} \tag{2.4.1}$$

式中，$\boldsymbol{\Phi}(k,k-1)$ 表示系统的转移矩阵，其表达式为：

$$\boldsymbol{\Phi}(k,k-1)=\begin{pmatrix} 1 & 0 & 0 & 0 \\ 0 & 1 & 1 & 0 \\ 0 & 0 & 1 & 0 \\ 0 & 0 & 0 & 1 \end{pmatrix} \tag{2.4.2}$$

系统的观测方程为：

$$r_k = \sqrt{D^2+L_k^2} \tag{2.4.3}$$

系统的 Jacobian 矩阵为：

$$\boldsymbol{J}_k = \begin{pmatrix} \dfrac{D}{r_k} & \dfrac{L_k}{r_k} & 0 & 0 \end{pmatrix} \tag{2.4.4}$$

则系统的可观测矩阵为：

$$\boldsymbol{M}(k,k+3)=\begin{pmatrix} \boldsymbol{J}_k \\ \boldsymbol{J}_{k+1}\boldsymbol{\Phi}_{k+1,k} \\ \boldsymbol{J}_{k+2}\boldsymbol{\Phi}_{k+2,k} \\ \boldsymbol{J}_{k+3}\boldsymbol{\Phi}_{k+3,k} \end{pmatrix}=\begin{pmatrix} \dfrac{D}{r_k} & \dfrac{L_k}{r_k} & 0 & 0 \\[2mm] \dfrac{D}{r_{k+1}} & \dfrac{L_{k+1}}{r_{k+1}} & \dfrac{L_{k+1}}{r_{k+1}} & 0 \\[2mm] \dfrac{D}{r_{k+2}} & \dfrac{L_{k+2}}{r_{k+2}} & 2\dfrac{L_{k+2}}{r_{k+2}} & 0 \\[2mm] \dfrac{D}{r_{k+3}} & \dfrac{L_{k+3}}{r_{k+3}} & 3\dfrac{L_{k+3}}{r_{k+3}} & 0 \end{pmatrix} \tag{2.4.5}$$

由式（2.4.5）计算可得 $\det \boldsymbol{M}(k,k+3)=0$，因此当观测站静止、目标匀速直线运动时，系统是不可观测的。

这一结论利用几何分析证明是很直观的：静止观测站对匀速直线运动目标的定位，其实是一组以观测站为圆心，以 t_i 时刻测量距离 r_i 为半径的同心圆，$i=1,2,\cdots,k$，t_i 时刻目标可能在对应圆上的任意一点，如图 2-4 所示。

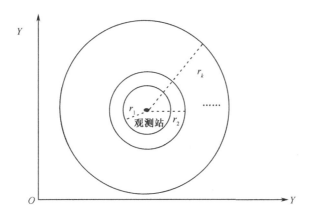

图 2-4　静止观测站对匀速直线运动目标不可观测的几何说明

如果在已知目标做匀速直线运动的前提下，则其速度大小是可观测的，下面给出数学证明过程。

证明： 以观测站为极点建立极坐标系，如图 2-5 所示。

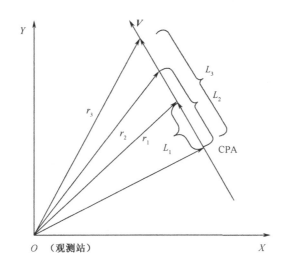

图 2-5　静止观测站与匀速直线运动目标的几何关系（一）

以等时间间隔 ΔT 进行观测，连续三次测距为 r_1, r_2, r_3，记观测站到航路捷径点 CPA 的距离为 r_c，L_1 为第 1 次观测时目标位置到 CPA 的距离，L_2 为第 2 次观测时目标位置到 CPA 的距离，L_3 为第 3 次观测时目标位置到 CPA 的距离，以上均为标量。由勾股定理可得：

$$\begin{cases} L_1^2 = r_1^2 - r_c^2 \\ L_2^2 = r_2^2 - r_c^2 \\ L_3^2 = r_3^2 - r_c^2 \end{cases} \tag{2.4.6}$$

化简可得：

$$\begin{cases} L_2^2 - L_1^2 = r_2^2 - r_1^2 \\ L_3^2 - L_2^2 = r_3^2 - r_2^2 \end{cases} \tag{2.4.7}$$

又因为目标做匀速直线运动，则有 $L_2 - L_1 = L_3 - L_2 = d$ ，d 为标量，表示测量时间间隔 ΔT 内目标运动的距离。

将 $L_2 = d + L_1$ 代入式（2.4.7），可得：

$$\begin{cases} d^2 + 2L_1 d = r_2^2 - r_1^2 \\ 3d^2 + 2L_1 d = r_3^2 - r_2^2 \end{cases} \tag{2.4.8}$$

解上述方程组可得：

$$d = \sqrt{(r_3^2 - 2r_2^2 + r_1^2)/2} \tag{2.4.9}$$

则速度大小：

$$v = \frac{\sqrt{(r_3^2 - 2r_2^2 + r_1^2)/2}}{\Delta T} \tag{2.4.10}$$

若观测站和目标的相对运动轨迹如图 2-6 所示，运用勾股定理同样可得速度

大小为 $v = \dfrac{\sqrt{(r_3^2 - 2r_2^2 + r_1^2)/2}}{\Delta T}$ 。

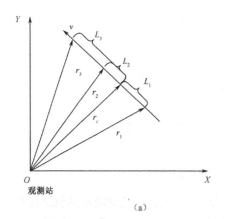
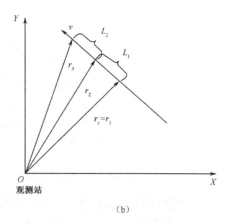

（a）　　　　　　　　　　　　　　　　（b）

图 2-6　静止观测站与匀速直线运动目标的几何关系（二）

结论 2：当观测站静止、目标做匀速直线运动时，系统不可完全观测，但匀速直线运动目标的速度大小是可知的。

2.4.3　观测站静止、目标匀加速直线运动时的系统可观测性分析

证明： 极坐标系下目标的运动状态如图 2-2 所示，可列目标的状态方程如下：

$$X_k = \boldsymbol{\Phi}(k, k-1) X_{k-1} \tag{2.4.11}$$

式中，转移矩阵为：

$$\boldsymbol{\Phi}(k, k-1) = \begin{pmatrix} 1 & 0 & 0 & 0 & 0 \\ 0 & 1 & \Delta T & \Delta T^2/2 & 0 \\ 0 & 0 & 1 & \Delta T & 0 \\ 0 & 0 & 0 & 1 & 0 \\ 0 & 0 & 0 & 0 & 1 \end{pmatrix} \tag{2.4.12}$$

系统的观测方程为：

$$r_k = \sqrt{D^2 + L_k^{\,2}} \tag{2.4.13}$$

系统的 Jacobian 矩阵为：

$$\boldsymbol{J}_k = \begin{pmatrix} \dfrac{D}{r_k} & \dfrac{L_k}{r_k} & \dfrac{L_k \Delta T}{r_k} & \dfrac{L_k \Delta T^2}{2r_k} & 0 \end{pmatrix} \tag{2.4.14}$$

则系统的可观测性矩阵为：

$$\boldsymbol{M}(k, k+4) = \begin{pmatrix} J_k \\ J_{k+1}\Phi_{k+1,k} \\ J_{k+2}\Phi_{k+2,k} \\ J_{k+3}\Phi_{k+3,k} \\ J_{k+4}\Phi_{k+4,k} \end{pmatrix} = \begin{pmatrix} \dfrac{D}{r_k} & \dfrac{L_k}{r_k} & \dfrac{L_k \Delta T}{r_k} & \dfrac{L_k \Delta T^2}{2r_k} & 0 \\[2mm] \dfrac{D}{r_{k+1}} & \dfrac{L_{k+1}}{r_{k+1}} & \dfrac{2L_{k+1}\Delta T}{r_{k+1}} & \dfrac{2L_{k+1}\Delta T^2}{r_{k+1}} & 0 \\[2mm] \dfrac{D}{r_{k+2}} & \dfrac{L_{k+2}}{r_{k+2}} & \dfrac{3L_{k+2}\Delta T}{r_{k+2}} & \dfrac{9L_{k+2}\Delta T^2}{2r_{k+2}} & 0 \\[2mm] \dfrac{D}{r_{k+3}} & \dfrac{L_{k+3}}{r_{k+3}} & \dfrac{4L_{k+3}\Delta T}{r_{k+3}} & \dfrac{6L_{k+3}\Delta T^2}{r_{k+3}} & 0 \\[2mm] \dfrac{D}{r_{k+4}} & \dfrac{L_{k+4}}{r_{k+4}} & \dfrac{5L_{k+4}\Delta T}{r_{k+4}} & \dfrac{21L_{k+4}\Delta T^2}{2r_{k+4}} & 0 \end{pmatrix} \tag{2.4.15}$$

由式（2.4.15）计算可得 $\det \boldsymbol{M}(k, k+4) = 0$，因此当观测站静止、目标做匀加速直线运动时，系统完全不可观测。

结论 3： 当观测站静止、目标做匀加速直线运动时，系统完全不可观测。

2.4.4　观测站匀速直线运动、目标静止时的系统可观测性分析

情景 1： 观测站始终做匀速直线运动。

假设观测站做匀速直线运动，速度为 V_s，初始航向角为 K_s，观测时间间隔

为 ΔT，此时有：

$$\begin{cases} x_{s2} - x_{s1} = \cdots = x_{sn} - x_{s,n-1} = V_s \Delta T \sin K_s \\ y_{s2} - y_{s1} = \cdots = y_{sn} - y_{s,n-1} = V_s \Delta T \cos K_s \end{cases} \quad (2.4.16)$$

将式（2.4.16）代入式（2.3.6）可得：

$$M = (n-1)V_s^2 \Delta T^2 \begin{pmatrix} \sin^2 K_s & \sin K_s \cos K_s \\ \sin K_s \cos K_s & \cos^2 K_s \end{pmatrix} \quad (2.4.17)$$

由式（2.4.17）计算可得 $\det M = 0$，此时系统完全不可观测。不可观测的几何说明如图 2-7 所示。由图 2-7 可知，在观测站一直做匀速直线运动的条件下，静止目标可能的位置有 2 个，不满足可观测性的定义，因此，此时系统是完全不可观测的。

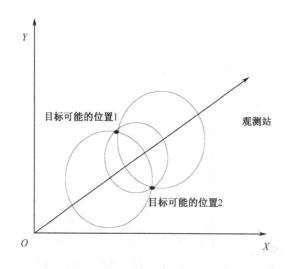

图 2-7　匀速直线运动观测站对静止目标不可观测的几何说明

情景 2：观测站匀速直线运动一段时间后，进行机动转向。

假设观测站做匀速直线运动，速度为 V_s，初始航向角为 K_s，观测时间间隔为 ΔT，若观测站在第 l 次观测时转向 $(1 < l < n)$，n 为总观测次数，转向后的速度变为 V_s'，航向角变为 K_s'，此时有：

$$\begin{cases} x_{s2} - x_{s1} = \cdots = x_{sl} - x_{s,l-1} = V_s \Delta T \sin K_s \\ y_{s2} - y_{s1} = \cdots = y_{sl} - y_{s,l-1} = V_s \Delta T \cos K_s \\ x_{s,l+1} - x_{sl} = \cdots = x_{sn} - x_{s,n-1} = V_s' \Delta T \sin K_s' \\ y_{s,l+1} - y_{sl} = \cdots = y_{sn} - y_{s,n-1} = V_s' \Delta T \cos K_s' \end{cases} \quad (2.4.18)$$

将式（2.4.18）代入式（2.3.6）可得：

$$\begin{cases} m_{11} = (l-1)V_s^2 \sin^2 K_s + (n-l)V_s'^2 \sin^2 K_s' \\ m_{12} = m_{21} = (l-1)V_s^2 \sin K_s \cos K_s + (n-l)V_s'^2 \sin K_s' \cos K_s' \\ m_{22} = (l-1)V_s^2 \cos^2 K_s + (n-l)V_s'^2 \cos^2 K_s' \end{cases} \qquad (2.4.19)$$

计算可得：

$$\det \boldsymbol{M} = (l-1)(n-l)V_s^2 V_s'^2 \sin^2(K_s - K_s') \qquad (2.4.20)$$

由于观测站进行了转向机动，即 $K_s \neq K_s'$，则 $\det \boldsymbol{M} \neq 0$，此时系统可完全观测。

情景 3：观测站匀速直线运动一段时间后，仅改变速度大小，不改变航向角。

由式（2.4.20）可知，当 $K_s = K_s'$，但 $V_s \neq V_s'$ 时，$\det \boldsymbol{M}$ 的值仍然等于零，说明匀速直线运动的观测站仅改变速度大小，不改变航向角度时，系统仍是完全不可观测的。不可观测的几何说明如图 2-7 所示，只是观测站转向前后观测的间隔距离不同，这里不再赘述。

由情景 1～情景 3 的结论可知，匀速直线运动的观测站只有在观测过程中进行机动转向，系统才可观测。

上述分析过程也可以通过几何作图法进行说明，如图 2-8 所示。在二维情况下，直线运动（非径向运动）的观测站利用距离对静止目标进行观测的几何图形表示，相当于以观测站在某一时刻的位置为圆心，观测距离为半径作圆。k 次（k 为自然数）观测后，以 k 次观测距离为半径的 k 个圆相交于以观测站航迹为对称轴的两点，此时不能得到唯一的目标位置坐标，此时目标不可观测，如情景 1；即使目标进行变速运动，比如情景 3，目标仍然不可观测。但是，如果在观测站做一次转向后进行观测，以观测站位置为圆心，以观测距离为半径作圆，会交于变向之前的两点中的一点，如图中的 A 点，此时会得到目标的唯一坐标，如情景 2。

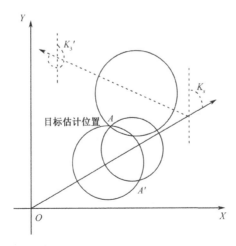

图 2-8   观测站转向对静止目标可观测性的几何说明

情景4：若目标在观测站匀速直线运动轨迹的延长线上，即观测站做关于目标的径向运动时，系统完全可观测。

可观测的几何说明如图2-9所示。

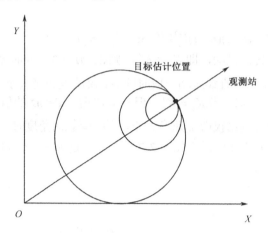

图2-9　直线运动观测站对静止目标可观测的几何说明

结论4：当观测站做匀速直线运动、目标静止时：①若观测站做关于目标的非径向直线运动，则系统完全不可观测；②若观测站在观测过程中进行转向机动，则系统完全可观测；③若观测站做关于目标的径向直线运动，则系统完全可观测。

2.4.5　观测站匀速直线运动、目标匀速直线运动时的系统可观测性分析

假设匀速直线运动的观测站运动速度为 V_s ，匀速直线运动的目标运动速度为 V_m ，在2.4.2节与2.4.4节研究结论的基础上，根据相对运动理论可以得到如下结论：

结论5：若 $V_s \gg V_m$ ，可以近似于观测站做匀速直线运动、目标静止的情况，由结论4可知，①若观测站做关于目标的径向直线运动时，则系统完全可观测；②若观测站进行机动转向，则系统可完全观测；③若观测站做关于目标的非径向直线运动，则系统完全不可观测。

结论6：若 $V_s \ll V_m$ ，可以近似于观测站静止、目标做匀速直线运动时的情况，由结论2可知，此时系统不可完全观测，但匀速直线运动目标的速度大小可知。

结论7：一般情况下，系统完全不可观测；若观测站进行转向机动，则系统可完全观测。

特殊情形：等时间间隔 ΔT 进行观测，若量测距离 r_i 恒相等，说明观测站与目标做同向同速的匀速直线运动，目标可能的运动轨迹如图 2-10 所示。

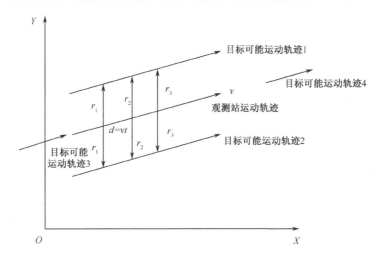

图 2-10　匀速直线运动观测站对匀速直线运动目标的几何说明

结论 8：当观测站与目标都做匀速直线运动时，若量测距离恒相等，说明目标与观测站同向同速，即此时系统不可完全观测。

2.4.6　观测站匀速直线运动、目标匀加速直线运动时的系统可观测性分析

假设观测站做匀速直线运动，速度为 V_s；目标做匀加速直线运动，初速度为 V_m，加速度为 a_m。在 2.4.3 节结论的基础上，根据相对运动理论可以得到如下结论：

结论 9：一般情况下，可以近似于静止的观测站，对以相对初速度为 $V_m - V_s$，加速度为 a_m 的匀加速直线运动目标的观测，系统完全不可观测。

2.4.7　观测站匀加速直线运动、目标静止时的可观测性分析

假设目标静止；观测站做匀速直线运动，速度为 V_s，加速度为 a_s。此时有：

$$\begin{cases} x_{s2} - x_{s1} = \cdots = x_{sn} - x_{s,n-1} = V_s \sin K_s \Delta T + \dfrac{1}{2} a_s \sin K_s \Delta T^2 \\ y_{s2} - y_{s1} = \cdots = y_{sn} - y_{s,n-1} = V_s \cos K_s \Delta T + \dfrac{1}{2} a_s \cos K_s \Delta T^2 \end{cases} \quad (2.4.21)$$

将式（2.4.21）代入式（2.3.6）可得：

$$M = \frac{1}{2}(n-1)\Delta T \begin{pmatrix} M_{11} & M_{12} \\ M_{21} & M_{22} \end{pmatrix} \tag{2.4.22}$$

式中：

$$\begin{cases} M_{11} = (2V_s \sin K_s + a_s \sin K_s \Delta T)^2 \\ M_{12} = M_{21} = (2V_s \sin K_s + a_s \sin K_s \Delta T)(2V_s \cos K_s + a_s \cos K_s \Delta T) \\ M_{22} = (2V_s \cos K_s + a_s \cos K_s \Delta T)^2_s \end{cases} \tag{2.4.23}$$

由式（2.4.23）计算可得 $\det M = 0$，此时系统完全不可观测。若观测进行机动转向，则系统可完全观测；若观测站做关于目标的径向运动时，则系统可完全观测。几何说明同图 2-7、图 2-8 相似，只是观测站连续两次观测时间隔的距离不同，这里不再赘述。

结论 10：观测站匀加速直线运动、目标静止时，观测站转向机动可完全观测；若观测站做关于目标的径向运动时，则系统可完全观测。

2.4.8 观测站匀加速运动、目标匀速直线运动时的可观测分析

结论 11：匀加速直线的观测站对匀速直线运动的目标进行观测时，系统可观测。

证明：定义向量 $\boldsymbol{X}(t) = \begin{bmatrix} r & V_m \sin K_m - V_w \sin K_w & V_m \cos K_m - V_w \cos K_w \end{bmatrix}^T$ 为纯距离系统在直角坐标系下的状态变量，则系统动态方程为：

$$\dot{\boldsymbol{X}}(t) = \begin{pmatrix} 0 & \sin\beta & \cos\beta \\ 0 & 0 & 0 \\ 0 & 0 & 0 \end{pmatrix} \boldsymbol{X}(t) - \begin{pmatrix} 0 & 0 \\ 1 & 0 \\ 0 & 1 \end{pmatrix} \begin{pmatrix} V_w \sin K_w \\ V_w \cos K_w \end{pmatrix} + \begin{pmatrix} 0 & 0 \\ 1 & 0 \\ 0 & 1 \end{pmatrix} \begin{pmatrix} \omega_1(t) \\ \omega_2(t) \end{pmatrix} \tag{2.4.24}$$

$$\boldsymbol{Z}(t) = (1 \quad 0 \quad 0)\boldsymbol{X}(t) + \boldsymbol{v}(t) \tag{2.4.25}$$

其转移矩阵为：

$$\boldsymbol{\Phi}(t, t_0) = \begin{pmatrix} 1 & \int_{t_0}^{t} \sin\beta \mathrm{d}t & \int_{t_0}^{t} \cos\beta \mathrm{d}t \\ 0 & 1 & 0 \\ 0 & 0 & 1 \end{pmatrix} \tag{2.4.26}$$

该动态方程从形式上看是状态 $\boldsymbol{X}(t)$ 的线性方程，实际上，由于系统矩阵包含未知量 β，而 β 又是被估状态的函数，所以动态方程仍然是 $\boldsymbol{X}(t)$ 的非线性方程，测量方程是 $\boldsymbol{X}(t)$ 的线性方程。动态方程的这种特定的形式，可以按照带有未知变量的线性方程来处理。

按照线性时变系统来考虑可观测性情况[156]。在线性时变系统中，令：

$$\begin{cases} \boldsymbol{C}_1(t) = \boldsymbol{C}(t) \\ \boldsymbol{C}_i(t) = \boldsymbol{C}_{i-1}(t) + \dot{\boldsymbol{C}}_{i-1}(t) \\ \boldsymbol{R}(t) = \left(\boldsymbol{C}_1(t) \quad \boldsymbol{C}_2(t) \quad \cdots \quad \boldsymbol{C}_n(t)\right)^{\mathrm{T}} \end{cases} \tag{2.4.27}$$

如果存在某个时刻 $t_f > 0$，使得 $\mathrm{rank}\boldsymbol{R}(t_f) = n$，则系统在 $\left[0, t_f\right]$ 上是可观测的。在本系统中：

$$\boldsymbol{C}_1(t) = \boldsymbol{C}(t) = (1 \quad 0 \quad 0) \tag{2.4.28}$$

$$\boldsymbol{C}_2(t) = \left(1 \quad \int_{t_0}^{t} \sin\beta(t)\mathrm{d}t \quad \int_{t_0}^{t} \cos\beta(t)\mathrm{d}t\right) \tag{2.4.29}$$

$$\boldsymbol{C}_3(t) = \left(1 \quad 2\int_{t_0}^{t} \sin\beta(t)\mathrm{d}t + \sin\beta(t) \quad 2\int_{t_0}^{t} \cos\beta(t)\mathrm{d}t + \cos\beta(t)\right) \tag{2.4.30}$$

$$\boldsymbol{R}(t) = \begin{pmatrix} 1 & 1 & 1 \\ 0 & \int_{t_0}^{t} \sin\beta(t)\mathrm{d}t & 2\int_{t_0}^{t} \sin\beta(t)\mathrm{d}t + \sin\beta(t) \\ 0 & \int_{t_0}^{t} \cos\beta(t)\mathrm{d}t & 2\int_{t_0}^{t} \cos\beta(t)\mathrm{d}t + \cos\beta(t) \end{pmatrix} \tag{2.4.31}$$

经计算可得：

$$\det \boldsymbol{R}(t) = \cos\beta(t)\int_{t_0}^{t} \sin\beta(t)\mathrm{d}t - \sin\beta(t)\int_{t_0}^{t} \cos\beta(t)\mathrm{d}t \tag{2.4.32}$$

现令 $\det \boldsymbol{R}(t) = 0$，可得：

$$\tan\beta(t) = \int_{t_0}^{t} \tan\beta(t)\mathrm{d}t \tag{2.4.33}$$

对于 $u(t) = \int_{t_0}^{t} u(t)\mathrm{d}t$ 型的积分，只有当 $u(t)$ 取指数函数时，才满足上述等式，因此 $\det \boldsymbol{R}(t) \neq 0$，$\mathrm{rank}\boldsymbol{R}(t) = n$，即目标做匀速直线运动、观测站做匀加速直线运动时的纯距离系统是可观测的。

2.4.9　匀加速运动观测站、匀加速直线运动目标的可观测分析

假设目标在直角坐标系下做匀加速运动，观测站也做匀加速运动，连续形式的系统方程和观测方程为：

$$\dot{X}_r = \boldsymbol{A}X_r + \boldsymbol{B}\boldsymbol{A}_w \tag{2.4.34}$$

$$Z(t_i) = \sqrt{x_r^2(t_i) + y_r^2(t_i)} + v(t_i) \tag{2.4.35}$$

式中，$A = \begin{pmatrix} 0 & I_2 & 0 \\ 0 & 0 & I_2 \\ 0 & 0 & 0 \end{pmatrix}$；$B = \begin{pmatrix} 0 \\ -I_2 \\ 0 \end{pmatrix}$；$X_r = \begin{bmatrix} x_r & y_r & \dot{x}_r & \dot{y}_r & a_{mx} & a_{my} \end{bmatrix}^T$；

$A_w = \begin{bmatrix} a_{wx} & a_{wy} \end{bmatrix}^T$；$I_2 = \begin{pmatrix} 1 & 0 \\ 0 & 1 \end{pmatrix}$。

在向量 X_r 中，x_r 与 y_r 分别表示目标与观测站之间相对位置的 X 轴分量与 Y 轴分量；$\dot{x}$ 与 $\dot{y}$ 分别表示目标与观测站之间相对速度的 X 轴分量与 Y 轴分量；a_{mx} 与 a_{my} 分别表示目标常加速度的 X 轴分量与 Y 轴分量。在向量 A_w 中，a_{wx} 与 a_{wy} 分别表示观测站加速度的 X 轴分量与 Y 轴分量。

根据线性定常系统的解公式，可以得到：

$$\begin{pmatrix} x_r(t) \\ y_r(t) \end{pmatrix} = \begin{pmatrix} x_r(t_0) + \dot{x}_r(t_0)\Delta t + \dfrac{\Delta t^2}{2}a_{mx} - \displaystyle\int_{t_0}^{t}(t-\tau)a_{wx}(\tau)\mathrm{d}\tau \\ y_r(t_0) + \dot{y}_r(t_0)\Delta t + \dfrac{\Delta t^2}{2}a_{my} - \displaystyle\int_{t_0}^{t}(t-\tau)a_{wy}(\tau)\mathrm{d}\tau \end{pmatrix} \quad (2.4.36)$$

定义 $U(t) = \begin{bmatrix} \dot{\beta} & \dot{r}/r & \beta & 1/r & a_\beta & a_r \end{bmatrix}^T = \begin{bmatrix} u_1 & u_2 & u_3 & u_4 & u_5 & u_6 \end{bmatrix}^T$ 为修正极坐标系下的状态变量；根据直角坐标系和修正极坐标系下解的一一对应关系，可以得到在修正极坐标下状态变量的解。

修正极坐标系下，观测方程可以写成：

$$Z(t_i) = \frac{1}{u_4(t_i)} + v(t_i) = h(t_i, U(t_0)) + v(t_i) \quad (2.4.37)$$

观测向量可表示为：

$$u_4(t) = \frac{u_4(t_0)}{\sqrt{S_1(t,t_0)^2 + S_2(t,t_0)^2}} \quad (2.4.38)$$

式中：

$$S_1(t,t_0) = \Delta t u_1(t_0) + \frac{\Delta t^2}{2}u_4(t_0)u_5(t_0) + u_4(t_0)\cdot\left(W_x\cos u_3(t_0) - W_y\sin u_3(t_0)\right)$$
$$(2.4.39)$$

$$S_2(t,t_0) = 1 + \Delta t u_2(t_0) + \frac{\Delta t^2}{2}u_4(t_0)u_6(t_0) + u_4(t_0)\cdot\left(W_x\cos u_3(t_0) + W_y\sin u_3(t_0)\right)$$
$$(2.4.40)$$

式中：

$$W_x = \int_{t_0}^{t}(t-\tau)a_{mx}(\tau)\mathrm{d}\tau \quad (2.4.41)$$

$$W_y = \int_{t_0}^t (t - \tau) a_{my}(\tau) d\tau \tag{2.4.42}$$

利用 Fisher 信息阵，在 $U(t_0)$ 已知的情况下，判断系统的可观测性，其中 Fisher 信息阵为：

$$D(t_n, t_0) = -E\left[\frac{\partial}{\partial U(t_0)}\left(\frac{\partial}{\partial U(t_0)} \ln f(Z(t_n)|U(t_0))|U(t_0)\right)\right] \tag{2.4.43}$$

式中：

$$Z(t_n) = \begin{pmatrix} z(t_1) \\ z(t_2) \\ \vdots \\ z(t_n) \end{pmatrix} = \begin{pmatrix} h(t_1, U(t_0)) \\ h(t_2, U(t_0)) \\ \vdots \\ h(t_n, U(t_0)) \end{pmatrix} + \begin{pmatrix} v(t_1) \\ v(t_2) \\ \vdots \\ v(t_n) \end{pmatrix} \tag{2.4.44}$$

$$f(Z(t_n)|U(t_0)) = K \exp\left\{-\frac{1}{2}\sum_{i=1}^n \frac{[z(t_i) - h(t_i - U(t_0))]^2}{\sigma^2}\right\} \tag{2.4.45}$$

K 是规一化常数，此时 $J(t_n, t_0)$ 可写成：

$$D(t_n, t_0) = \sum_{i=1}^n \tilde{H}^T(t_i, t_0)\sigma^{-2}\tilde{H}(t_i, t_0) \tag{2.4.46}$$

式中：

$$\tilde{H}(t_i, t_0) = \frac{\partial h(t_i, U(t_0))}{\partial U(t_0)} = r^2(t_i)\frac{\partial u_4(t_i)}{\partial U(t_0)}$$
$$= r^2(t_i)\left(\frac{\partial u_4(t_i)}{\partial u_1(t_0)} \quad \frac{\partial u_4(t_i)}{\partial u_2(t_0)} \quad \cdots \quad \frac{\partial u_4(t_i)}{\partial u_6(t_0)}\right) \tag{2.4.47}$$

$$\frac{\partial u_4(t_i)}{\partial u_1(t_0)} = -\frac{r(t_0)}{r^2(t)}\Delta t \sin \Delta u_3 \tag{2.4.48}$$

$$\frac{\partial u_4(t_i)}{\partial u_2(t_0)} = -\frac{r(t_0)}{r^2(t)}\Delta t \cos \Delta u_3 \tag{2.4.49}$$

$$\frac{\partial u_4(t_i)}{\partial u_3(t_0)} = -\frac{1}{r^2(t)}[W_x \cos u_3(t) - W_y \sin u_3(t)] \tag{2.4.50}$$

$$\frac{\partial u_4(t_i)}{\partial u_4(t_0)}$$
$$= -\frac{r(t_0)}{r(t)}\left\{1 - \frac{1}{r(t)}\left[\left(\frac{\Delta t^2}{2}a_{mx} + W_x\right)\cdot\sin u_3(t) + \left(\frac{\Delta t^2}{2}a_{my} + W_y\right)\cdot\cos u_3(t)\right]\right\} \tag{2.4.51}$$

$$\frac{\partial u_4(t_i)}{\partial u_5(t_0)} = -\frac{1}{r^2(t)}\frac{\Delta t^2}{2}\sin\Delta u_3 \qquad (2.4.52)$$

$$\frac{\partial u_4(t_i)}{\partial u_6(t_0)} = -\frac{1}{r^2(t)}\frac{\Delta t^2}{2}\cos\Delta u_3 \qquad (2.4.53)$$

若想得到系统的可观测性，只需 Fisher 信息阵正定，即 Fisher 信息阵各列互不相关，即存在任意非零常数矩阵 μ，只须满足：

$$\tilde{H}(t_i,t_0)\mu \neq 0 \qquad (2.4.54)$$

即：

$$\begin{pmatrix} x_r(t) \\ y_r(t) \end{pmatrix} \neq \begin{pmatrix} a_{11}+a_{12}\Delta t+a_{13}\Delta t^2 \\ a_{21}+a_{22}\Delta t+a_{23}\Delta t^2 \end{pmatrix} \quad \text{for } t\in(t_0,t_f] \qquad (2.4.55)$$

式中，$a_{ij}(i=1,2;j=1,2,3)$ 表示任意不全为零的常数。

结论 12：目标与观测站均做匀加速运动时，如果目标与观测站的相对运动轨迹是一条方位角恒定的轨迹，或者观测站以常速或常加速度运动，则系统是不可观测的；也就是说观测站在纯距离的测量条件下跟踪一个常加速度的运动目标，应进行非零的机动。

在此基础上，如果目标进行匀速直线运动，即目标加速度为 0，这时式（2.4.55）可以变形为：

$$\begin{pmatrix} x_r(t) \\ y_r(t) \end{pmatrix} \neq \begin{pmatrix} a_{11}+a_{12}\Delta t \\ a_{21}+a_{22}\Delta t \end{pmatrix} \quad \text{for } t\in(t_0,t_f] \qquad (2.4.56)$$

式中，$a_{ij}(i=1,2;j=1,2,3)$ 表示任意不全为零的常数。该式说明，观测站匀加速运动、目标匀速直线运动，系统可观测。图 2-11 说明了与式（2.4.55）相违背时系统不可观测的情况。

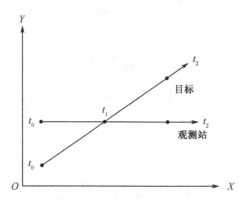

图 2-11　系统不可观测的情况说明

2.4.10　其他结论

结论 13： 二维纯距离和/或各阶变化率系统，在目标匀速直线运动的假定下，即当 $V_m \neq 0$ ，要同时求解 β, V_m, K_m 的必要条件为约束输入变量至少是 4 个。

证明：

情况 1： 仅输入 r 时，可列出方程组

$$\begin{cases} V_m \sin K_m t_{1j} + r_1 \sin \beta_1 - r_j \sin \beta_j = \int_{t_1}^{t_j} V_w \sin K_w \mathrm{d}t \\ V_m \cos K_m t_{1j} + r_1 \cos \beta_1 - r_j \cos \beta_j = \int_{t_1}^{t_j} V_w \cos K_w \mathrm{d}t \end{cases} \tag{2.4.57}$$

量测次数、约束输入变量个数、方程个数和未知量个数的关系如表 2-1 所示。

表 2-1　量测次数、约束输入变量个数、方程个数和未知量个数的关系

量测次数	约束输入变量个数	方程个数	未知量个数量
2	$2: r_1, r_2$	2	$4: \beta_1, \beta_2, V_m, K_m$
3	$3: r_1, r_2, r_3$	4	$5: \beta_1, \beta_2, \beta_3, V_m, K_m$
⋮	⋮	⋮	⋮
k	$k: r_1, r_2, \cdots, r_k$	$2(k-1)$	$k+2: \beta_1, \beta_2, \cdots, \beta_k, V_m, K_m$

由表 2-1 可得，能同时解出 β, V_m, K_m 的必要条件是 $2(k-1) \geqslant k+2$ ，解该不等式可得 $k \geqslant 4$ 。

情况 2： 当 r 和其各阶导数作输入量时，由于 $V_w(t)$ 和 $K_w(t)$ 是连续可微函数，所以 $r(t)$ 也是连续可微函数，因此可以把 r 的各阶导数看作下列表达式的极限，如表 2-2 所示。

表 2-2　距离各阶变化率与差分极限的关系

导数	差分的极限
$\dot{r}(t_j)$	$\dot{r}(t_j) = \lim\limits_{t \to t_j} \dfrac{r(t) - r(t_j)}{t - t_j}$
$\ddot{r}(t_j)$	$\ddot{r}(t_j) = \lim\limits_{t \to t_j} \dfrac{\dot{r}(t) - \dot{r}(t_j)}{t - t_j}$
$\dddot{r}(t_j)$	$\dddot{r}(t_j) = \lim\limits_{t \to t_j} \dfrac{\ddot{r}(t) - \ddot{r}(t_j)}{t - t_j}$

而 $\Delta t_j = t - t_j$ 是可控输入，所以按照上面导数与差分式的对应关系，增加 r 的

一阶导数时，就相当于增加了一个新的距离，由于距离不得少于 4 个，所以当 r 及其导数作输入量时，其距离及其导数的总数不得少于 4 个。

通过上述证明过程，结论 13 成立。

2.5　单站纯距离系统与单站纯方位系统可观测性比较

将单站纯距离系统可观测性条件与单站纯方位系统可观测性条件[157,158]进行比较分析，如表 2-3 所示。

表 2-3　单站纯距离系统与单站纯方位系统的可观测性条件比较

观测站与目标的运动状态	单站纯距离系统	单站纯方位系统
观测站静止，目标静止	完全不可观测	完全不可观测
观测站静止，目标匀速直线运动	不可完全观测，目标速度大小可知	一般情况下可观测；若目标做关于观测站的径向运动，目标不可观测
观测站静止，目标匀加速直线运动	完全不可观测	一般情况下可观测；若目标做关于观测站的径向运动，目标不可观测
观测站匀速直线运动，目标静止	一般情况下完全不可观测；若观测站做关于目标的径向直线运动时，则目标完全可观测；若观测站转向，则系统完全可观测	一般情况下可观测；若观测站做关于目标的径向运动，则目标不可观测
观测站匀速直线运动，目标匀速直线运动	一般情况下，系统完全不可观测。$V_s \gg V_m$ 时，一般情况下，系统完全不可观测；若观测站做关于目标的径向运动，则系统可观测。$V_s \ll V_m$ 时，系统不可完全观测，但速度大小可知；若测距恒相等，则可知目标与观测站同向同速	不可观测
观测站匀速直线运动，目标匀加速直线运动	完全不可观测	不可观测
观测站匀加速直线运动，目标静止	一般情况下完全不可观测；若观测站做关于目标的径向运动，则目标完全可观测；若观测站转向，则系统完全可观测	一般情况下可观测；若观测站做径向运动，则目标不可观测
观测站匀加速直线运动，目标匀速直线运动	可观测	可观测
观测站匀加速直线运动，目标匀加速直线运动	机动可观测	机动可观测

第 3 章

单站纯距离系统目标定位与
跟踪算法研究

● ● ● ● ● ● ● ●

3.1 引言

第 2 章在不考虑测量误差、系统误差的理想条件下，从理论分析的角度研究了单站纯距离系统可观测性的部分结论，但是在实际应用中，系统不可避免地受到测量误差的干扰，这时如何利用滤波算法从随时间变化的多次观测数据中求解目标运动参数成为亟待解决的问题。

由于纯距离系统是强非线性系统，线性滤波问题变为非线性滤波问题，因此原有适用于线性系统的一些滤波算法已不再适用，如卡尔曼滤波算法（Kalman Filter，KF）。解决非线性滤波问题需要已知系统的条件后验概率，但在实际应用中，后验概率一般是不可能得到的[159]，通常可以采用次优近似方法来解决这个问题[160,161]。目前常用的次优近似方法主要有两种[162]：

（1）通过对高阶项进行忽略或逼近实现非线性系统的线性化近似；

（2）通过采样方法来近似其非线性分布。

其中，扩展卡尔曼滤波（Extended Kalman Filter，EKF）[163,164]就是通过对高阶项进行忽略或逼近实现非线性系统的线性化近似方法的典型代表。EKF 算法在状态估计值处对系统方程进行一阶泰勒展开，略去二阶和二阶以上的项，并假定线性化后的状态仍服从高斯分布，进而满足使用卡尔曼滤波算法的条件。但它在应用于强非线性系统时，滤波极易发散，而且非线性系统的 Jacobian 矩阵求导比较困难[165]。

因此，采用第二种途径即通过采样方法来近似非线性分布的滤波算法是研究的重点，目前使用比较广泛的一种滤波方法是无迹卡尔曼滤波[166,167]（Unscented Kalman Filter，UKF）。

UKF 算法是由牛津大学的学者 Juliear 和 Uhlman 在 1995 年提出的[165]，它沿用了卡尔曼滤波系统的框架，以无迹变换（Unscented Transformation，UT）为基础，采用确定性采样方式，即采样粒子（也称为 Sigma 点）的个数是确定的。UKF 的采样粒子的具体个数是由其所选择的采样策略决定的，一般最常用的是 $2n+1$ 个 Sigma 点对称采样，n 为目标状态向量的维数。UKF 是一种递归式贝叶斯估计方法，其基本思想是用确定的采样点表达系统状态的均值和方差，然后通过对这些采样点进行非线性表换，使得变换后的采样点的分布可以二阶以上精度逼近于真实的均值和方差[168]。由于 UKF 算法无须使用 Jacobian 矩阵对状态方程和观测方程进行线性化，降低了线性化过程中由于略去二阶和二阶以上项产生的截断误差，因而定位性能要明显高于 EKF 算法。

本章主要研究适用于单站纯距离系统的目标定位与跟踪算法问题。

3.2 系统数学模型

根据 2.4 节对目标不同运动规律的设定，为不失一般性，本书中运动目标通常采用匀速直线运动和机动两种方式。

当目标做匀速直线运动时，单站纯距离系统的状态方程和观测方程可以表示为：

$$\boldsymbol{X}_o(t_k) = \boldsymbol{\Phi}(t_k, t_{k-1})\boldsymbol{X}_o(t_{k-1}) + \boldsymbol{\Gamma}\omega_{k-1} \tag{3.2.1}$$

$$r(t_k) = \sqrt{x_o^2(t_k) + y_o^2(t_k)} + \Delta(t_k) \tag{3.2.2}$$

式中，$\boldsymbol{X}_o(t_k) = (x_o(t_k), y_o(t_k), v_{ox}(t_k), v_{oy}(t_k))^{\mathrm{T}}$ 表示 t_k 观测站与目标之间的相对运动状态，可记为：

$$\boldsymbol{X}_o(t_k) = \begin{pmatrix} x_o(t_k) \\ y_o(t_k) \\ v_{ox}(t_k) \\ v_{oy}(t_k) \end{pmatrix} = \begin{pmatrix} x(t_k) - x_s(t_k) \\ y(t_k) - y_s(t_k) \\ v_x(t_k) - v_{sx}(t_k) \\ v_y(t_k) - v_{sy}(t_k) \end{pmatrix} \qquad (3.2.3)$$

假设观测站进行等时间间隔 ΔT 的 k 次观测，$(x(t_k), y(t_k), v_x(t_k), v_y(t_k))^{\mathrm{T}}$ 表示 t_k 时刻目标的运动状态向量，式中 $x(t_k)$、$y(t_k)$ 分别表示目标位置的 X 轴分量、Y 轴分量；$v_x(t_k)$、$v_y(t_k)$ 分别表示目标速度的 X 轴分量、Y 轴分量。$(x_s(t_k), y_s(t_k), v_{sx}(t_k), v_{sy}(t_k))^{\mathrm{T}}$ 表示 t_k 时刻观测站的运动状态向量，式中 $x_s(t_k)$、$y_s(t_k)$ 分别表示观测站位置的 X 轴分量、Y 轴分量；$v_{sx}(t_k)$、$v_{sy}(t_k)$ 分别表示观测站速度的 X 轴分量、Y 轴分量。

状态转移矩阵可表示为：

$$\boldsymbol{\varPhi}(t_k, t_{k-1}) = \begin{pmatrix} 1 & 0 & \Delta T & 0 \\ 0 & 1 & 0 & \Delta T \\ 0 & 0 & 1 & 0 \\ 0 & 0 & 0 & 1 \end{pmatrix} \qquad (3.2.4)$$

式中，ΔT 为采样时间间隔。

系统噪声矩阵可表示为：

$$\boldsymbol{\varGamma} = \begin{pmatrix} \Delta T^2/2 & 0 \\ 0 & \Delta T^2/2 \\ \Delta T & 0 \\ 0 & \Delta T \end{pmatrix} \qquad (3.2.5)$$

系统过程噪声 ω_{k-1} 是均值为零，方差为 $Q(t_k)$ 的高斯白噪声；$r(t_k)$ 表示 t_k 时刻目标与观测站的距离；测量噪声 $\Delta(t_k)$ 是均值为零，方差为 $R(t_k)$ 的高斯白噪声。

对于机动目标，可以采用转弯率模型，即目标机动的角速度（$^{(\circ)}/\mathrm{s}$），由式 (3.2.1) 可以得到：

$$\boldsymbol{X}_o(t_k) = \boldsymbol{\varPhi}(\varepsilon_k)\boldsymbol{X}_o(t_{k-1}) + \boldsymbol{\varGamma}\omega_{k-1} \qquad (3.2.6)$$

将转弯率添加到状态向量中，可得观测站与目标之间的相对运动状态 $\boldsymbol{X}_o(t_k) = \left(x_o(t_k), y_o(t_k), v_{ox}(t_k), v_{oy}(t_k), \varepsilon_k\right)^{\mathrm{T}}$，$\varepsilon_k$ 中的下标 k 表示观测时间 t_k，此时状态转移矩阵和噪声矩阵为：

$$\boldsymbol{\Phi}(k,k-1) = \begin{pmatrix} 1 & \dfrac{\sin(\varepsilon_k \Delta T)}{\varepsilon_k} & 0 & -\dfrac{1-\cos(\varepsilon_k \Delta T)}{\varepsilon_k} & 0 \\ 0 & \dfrac{1-\cos(\varepsilon_k \Delta T)}{\varepsilon_k} & 1 & \dfrac{\sin(\varepsilon_k \Delta T)}{\varepsilon_k} & 0 \\ 0 & \cos(\varepsilon_k \Delta T) & 0 & -\sin(\varepsilon_k \Delta T) & 0 \\ 0 & \sin(\varepsilon_k \Delta T) & 0 & \cos(\varepsilon_k \Delta T) & 0 \\ 0 & 0 & 0 & 0 & 1 \end{pmatrix} \tag{3.2.7}$$

$$\boldsymbol{\Gamma} = \begin{pmatrix} \Delta T^2/2 & 0 & 0 \\ \Delta T & 0 & 0 \\ 0 & \Delta T^2/2 & 0 \\ 0 & \Delta T & 0 \\ 0 & 0 & 1 \end{pmatrix} \tag{3.2.8}$$

式中，ε_k 与速度有关，本书 ε_k 的取值区间为[0.001,0.01]。

3.3 基于最小二乘原理的目标参数估计算法

目标静止、观测站运动条件下的目标参数估计算法是研究非线性纯距离系统滤波算法的基础。本节没有采用需要复杂运算的非线性滤波算法，而是对运算量相对较小的两种算法进行了研究[169,170]。

3.3.1 递推格式的目标参数估计算法

3.3.1.1 算法原理

由 2.4 节纯距离系统的可观测性分析结论可知，当目标静止时，匀速直线运动的观测站需进行机动，才能实现对目标的观测。现假定系统未受到干扰，解方程 $\boldsymbol{MX} = \boldsymbol{A}^{\mathrm{T}}\boldsymbol{B}$ 可求出 $\boldsymbol{X}$ 的精确解。假定测量距离存在测量误差 $\delta r_i \, (i=1,2,\cdots,k)$，求解目标参数的一种方案是将测量距离 $r_i = r_{mi} + \delta r_i$ 代入 $\boldsymbol{A}^{\mathrm{T}}\boldsymbol{B}$ 阵中，利用 $\boldsymbol{MX} = \boldsymbol{A}^{\mathrm{T}}\boldsymbol{B}$ 求解 $\hat{\boldsymbol{X}}$，并称 $\hat{\boldsymbol{X}}$ 是 $\boldsymbol{X}$ 的一个估计，这里 r_{mi} 代表目标距离的精确值[171]。在 k 时刻，存在如下的等式关系：

$$\boldsymbol{M}(k)\boldsymbol{X} = \boldsymbol{A}(k)^{\mathrm{T}}\boldsymbol{B}(k) \tag{3.3.1}$$

式中

$$M(k) = M = \begin{pmatrix} m_{11} & m_{12} \\ m_{21} & m_{22} \end{pmatrix} \tag{3.3.2}$$

$$A(k)^{\mathrm{T}} B(k) = L = \begin{pmatrix} l_1 \\ l_2 \end{pmatrix} \tag{3.3.3}$$

设静止目标的位置向量为 $X = \begin{bmatrix} x & y \end{bmatrix}^{\mathrm{T}}$，则有：

$$\begin{cases} m_{11}(k) = \sum_{i=1}^{k-1} \left(x_{s,i+1} - x_{si} \right)^2 \\ m_{12}(k) = m_{21}(k) = \sum_{i=1}^{k-1} \left(x_{s,i+1} - x_{si} \right) \left(y_{s,i+1} - y_{si} \right) \\ m_{22}(k) = \sum_{i=1}^{k-1} \left(y_{s,i+1} - y_{si} \right)^2 \end{cases} \tag{3.3.4}$$

解方程组可得：

$$\hat{x} = \frac{\Delta_1}{\Delta}, \hat{y} = \frac{\Delta_2}{\Delta} \tag{3.3.5}$$

式中

$$\begin{cases} \Delta_1 = m_{22}(k) l_1(k) - m_{12}(k) l_2(k) \\ \Delta_2 = m_{11}(k) l_2(k) - m_{21}(k) l_1(k) \\ \Delta = m_{11}(k) m_{22}(k) - m_{12}(k) m_{21}(k) \end{cases} \tag{3.3.6}$$

式中

$$\begin{cases} m_{11}(k) = m_{11}(k-1) + \left(x_{sk} - x_{s,k-1} \right)^2 \\ m_{12}(k) = m_{21}(k) = m_{12}(k-1) + \left(x_{sk} - x_{s,k-1} \right) \left(y_{sk} - y_{s,k-1} \right) \\ m_{22}(k) = m_{22}(k-1) + \left(y_{sk} - y_{s,k-1} \right)^2 \\ l_1(k) = l_1(k-1) + \left(x_{sk} - x_{s,k-1} \right) \left[\left(r_{k-1}^2 - r_k^2 \right) - \left(d_{k-1}^2 - d_k^2 \right) \right] / 2 \\ l_2(k) = l_2(k-1) + \left(y_{sk} - y_{s,k-1} \right) \left[\left(r_{k-1}^2 - r_k^2 \right) - \left(d_{k-1}^2 - d_k^2 \right) \right] / 2 \end{cases} \tag{3.3.7}$$

共进行 $k-1$ 次递推，当 $k \geq 2$ 时，便可利用上述推导过程递推解出 $\hat{X}$。

3.3.1.2　仿真试验及分析

由于不同的测距技术对测距误差的影响比较大，双向测距技术的测距精度可以达到 1m 以下[172]，而水下声学的测距误差又可能达到 $5\%D$，其中 D 为观测站与目标之间的距离[173]，因此，为不失一般性，本书仿真态势条件中测距误差的选取跨度比较大。

现假设目标静止不动，观测站进行匀速转弯运动，运动模型采用 3.2 节中的机动转弯模型，设转弯率已知，$\omega = 0.02$，测量时间间隔为 10s，测距误差服从均值为 0，均方差为 10m 的高斯白噪声，对上述过程进行仿真试验，其结果如图 3-1 所示。而后，增大测距误差，使测距误差服从均值为 0，均方差为 100m 的高斯白噪声，其他参数保持不变，仿真试验的结果如图 3-2 和图 3-3 所示。

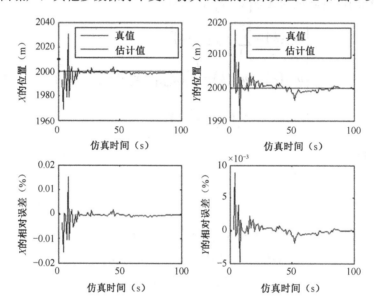

图 3-1　基于最小二乘原理递推格式的目标跟踪算法性能

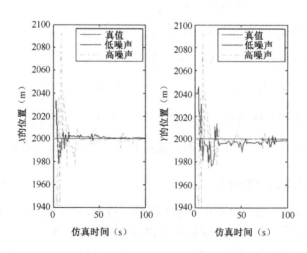

图 3-2　不同测量误差下的目标状态估计值比较

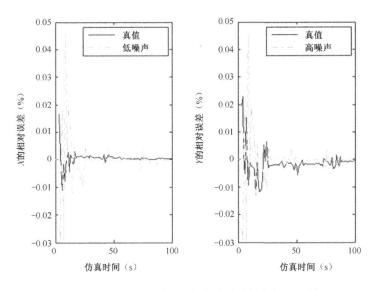

图 3-3 不同测量误差下目标状态估计值的相对误差

上述仿真试验表明,在噪声增大的情况下,递推算法对测量噪声不敏感,仍能取得较好的收敛效果,相对误差在 2% 左右。此外,由于该算法本质上采用的是圆交汇法,即以观测站为圆心,以观测半径作圆,根据圆相交的情况来估计目标参数值,因此,当多个相交圆交点处切线之间的夹角较小时,不易准确估计出目标参数,如图 3-4 所示,甚至出现发散的可能;当增大夹角后,可以较容易地估算出目标参数。在实际应用中,可以采用合理增大观测间隔、减小观测站转弯率等办法来提高目标参数的估计精度。

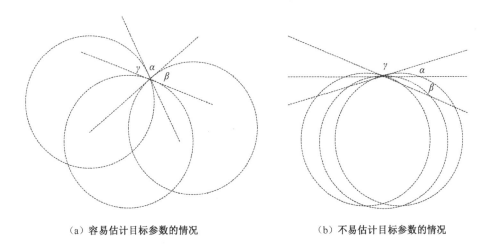

(a) 容易估计目标参数的情况　　　　　　　(b) 不易估计目标参数的情况

图 3-4 相交圆切线夹角对目标参数估计的影响

该算法的特点是：递推格式计算量小，无须 $\hat{X}$ 的初值。需要注意的一点是，当观测站始终做匀速直线运动时，会导致观测方程奇异。因此，该递推方法适用于观测站连续三次观测位置不在同一直线的情况。

3.3.2　基于全局收敛策略的目标参数估计算法

上节中曾指出，基于最小二乘原理的递推格式的目标参数估计算法只适用于观测站连续三次观测均不在一条直线上的情形，对于一般情形，需要寻找精度较高的一般性算法。

高斯—牛顿算法是一种格式简单、计算量较小的搜索算法。当系统初值偏离真实值较远、函数非线性程度较高或随机观测误差较大时，该算法并不能取得较好的效果。本节将全局收敛策略与高斯—牛顿搜索算法结合，达到了较好的目标定位与跟踪效果。

3.3.2.1　非线性最小二乘原理

假设要根据 k 个观测量 $z_i(i=1,2,\cdots,k)$ 估计向量 $\boldsymbol{X}$；观测误差为 $\omega_i(i=1,2,\cdots,k)$，这时测量方程可写为[174]：

$$z_i = h\left(x_i\right) + \omega_i \quad (i=1,2,\cdots,k) \tag{3.3.8}$$

k 个方程可写成向量形式为：

$$\boldsymbol{Z} = f\left(X\right) + \boldsymbol{W} \tag{3.3.9}$$

式中，$\boldsymbol{Z}$ 为观测向量；$\boldsymbol{W}$ 为随机误差测量误差。其中测量误差的协方差矩阵可表示为：

$$\boldsymbol{P} = E\left\{\left[\boldsymbol{W} - E\left(\boldsymbol{W}\right)\right]\left[\boldsymbol{W} - E\left(\boldsymbol{W}\right)\right]^{\mathrm{T}}\right\} \tag{3.3.10}$$

如果 $\boldsymbol{W}$ 服从零均值高斯分布，则在给定条件下 $\boldsymbol{Z}$ 的条件概率密度，即似然函数可表示为：

$$\boldsymbol{P}\left(\boldsymbol{Z}/\boldsymbol{X}\right) = \frac{1}{(2\pi)^{\frac{k}{2}} \mid \boldsymbol{P} \mid^{\frac{1}{2}}} \exp\left\{-\frac{1}{2}\left[\boldsymbol{Z} - f\left(X\right)\right]^{\mathrm{T}} \boldsymbol{P}^{-1}\left[\boldsymbol{Z} - f\left(X\right)\right]\right\} \tag{3.3.11}$$

最大似然估计就是求 $\boldsymbol{X}$ 以最大化上式，即极小化如下二次型：

$$F\left(X\right) = \left[\boldsymbol{Z} - f\left(X\right)\right]^{\mathrm{T}} \boldsymbol{P}^{-1}\left[\boldsymbol{Z} - f\left(X\right)\right] \tag{3.3.12}$$

在这种情况下成为最小二乘估计。此时 $\boldsymbol{P}$ 可作为加权系数矩阵，通常 $f(\boldsymbol{X})$ 为非线性函数。

3.3.2.2　算法模型

目标与观测站的运动模型如图 2-1 所示。现假设观测站进行了 k 次观测，现定义函数 $f' = \begin{pmatrix} f_1' & f_2' & \cdots & f_k' \end{pmatrix}$，式中：

$$f_i' = \sqrt{(x - x_{si})^2 + (y - y_{si})^2} - r_i \quad (i = 1, 2, \cdots, k) \tag{3.3.13}$$

r_i 表示带有误差的观测量，求取目标位置坐标往往需要极小化下式：

$$F(X) = \frac{1}{2} \sum_{i=1}^{k} f_i'(X)^2 / \omega_i^2 \quad (i = 1, 2, \cdots, k) \tag{3.3.14}$$

式中，ω_i^2 为对应的观测误差的方差，这是一个非线性最小二乘问题。

记残差函数为：

$$f = \begin{pmatrix} f_1 & f_2 & \cdots & f_k \end{pmatrix}^{\mathrm{T}} = \begin{pmatrix} \dfrac{f_1'}{\omega_1} & \dfrac{f_2'}{\omega_2} & \cdots & \dfrac{f_k'}{\omega_k} \end{pmatrix}^{\mathrm{T}} \tag{3.3.15}$$

则有如下表达式：

$$F(X) = \frac{1}{2} f(X)^{\mathrm{T}} f(X) \tag{3.3.16}$$

定义 $F(X)$ 在 (x, y) 处的 Jacobian 矩阵为：

$$\boldsymbol{J}(X) = \begin{pmatrix} \dfrac{x - x_{s1}}{\sqrt{(x - x_{s1})^2 + (y - y_{s1})^2}} & \dfrac{y - y_{s1}}{\sqrt{(x - x_{s1})^2 + (y - y_{s1})^2}} \\[4mm] \dfrac{x - x_{s2}}{\sqrt{(x - x_{s2})^2 + (y - y_{s2})^2}} & \dfrac{y - y_{s2}}{\sqrt{(x - x_{s2})^2 + (y - y_{s2})^2}} \\ \vdots & \vdots \\ \dfrac{x - x_{sk}}{\sqrt{(x - x_{sk})^2 + (y - y_{sk})^2}} & \dfrac{x - y_{sk}}{\sqrt{(x - x_{sk})^2 + (y - y_{sk})^2}} \end{pmatrix} \tag{3.3.17}$$

根据求解非线性最小二乘问题的高斯—牛顿方法，可得 $F(X)$ 的梯度向量为：

$$\boldsymbol{g}(X) = \boldsymbol{J}(X)^{\mathrm{T}} f(X) \tag{3.3.18}$$

$F(\boldsymbol{X})$ 的二阶导数 Hessian 矩阵为：

$$\boldsymbol{G}(X) = \boldsymbol{J}(X)^{\mathrm{T}} \boldsymbol{J}(X) + \sum_{i=1}^{k} f_i(X) \nabla f_i(X) \tag{3.3.19}$$

在小残量的情况下，忽略二阶信息项，可以得到：

$$\boldsymbol{G}(X) = \boldsymbol{J}(X)^{\mathrm{T}} \boldsymbol{J}(X) \tag{3.3.20}$$

至此，可以得到高斯—牛顿方法的迭代形式为：

$$\begin{cases} G_i \delta_i = -g_i \\ X_{i+1} = X_i + \delta_i \end{cases} \tag{3.3.21}$$

式中，δ_i 为牛顿步长。若选取某个初值 (x_0, y_0)，可以利用上述高斯—牛顿法求解。

高斯—牛顿法的收敛速度和收敛精度受初值影响很大。当初值的估计值靠近最优解时，可以获得超线性的收敛速度；而当初值偏离最优解时，高斯—牛顿法面临失效的可能，此时需要采用全局收敛策略。有研究表明[175]，带有步长的高斯—牛顿是总体收敛的，此时寻找收敛策略问题就转化为寻找步长因子的问题，以保证每次迭代都趋于解。在实际应用中，有两种策略可以使目标函数值减小：精确一维搜索策略和不精确一维搜索策略。

精确一维搜索即通过寻找步长因子保证在每次迭代时目标函数值最小。该方法模型简单，实现复杂，计算量大；若采用不精确一维搜索策略，即每次找到使目标函数值下降的步长因子后，即开始下一次迭代。该策略与前一策略相比计算量相对较小。

当二阶矩阵 $\boldsymbol{G}(X)$ 正定时，牛顿方向对目标函数值是下降方向，即：

$$\nabla F(X)^{\mathrm{T}} \delta_k = \boldsymbol{g}^{\mathrm{T}}\left(-\boldsymbol{G}^{-1}\boldsymbol{g}\right) < 0 \tag{3.3.22}$$

因此，可以首先采用牛顿全步长公式，当发现目标函数值未减少时，可以沿着牛顿方向回溯，选择合适的步长因子，使得目标函数值减少。但是，目标函数值减少并不能保证解趋于极小，文献表明只有当目标函数下降程度满足如下关系式时，即：

$$F(X_{k+1}) \leqslant F(X_k) + \alpha \nabla F(X)^{\mathrm{T}} \delta_k \tag{3.3.23}$$

才可以使逐渐趋于极小值，α 通常为 10^{-4}。

综上所述，该策略可以归结为如下步骤[143]：

步骤 1：选取迭代初值，迭代终止误差值 $\varepsilon > 0$，$k = 0$。

步骤 2：计算 g_k，若 $\| g_k \| \leqslant \varepsilon$，停止迭代，输出 X_k；否则转入步骤 3。

步骤 3：解方程求解步长，即 δ_k。

步骤 4：进行一维搜索，求步长因子 λ_k，以满足全局收敛策略；令 $X_{k+1} = X_k + \lambda_k \delta_k$ 及 $k = k+1$，转入步骤 2。

3.3.2.3　仿真试验及分析

现假设目标静止，观测站进行匀速转弯运动，运动模型采用 3.2 节中的机动转弯模型，设转弯率已知，$\omega = 0.02$，测量时间间隔为 10s，迭代步数为 50。此外，为记录目标函数值的增减情况，在 Matlab 源程序中增加标记点，当目标函数减小时，标记点置为 0；当目标函数没有减小时，标记点置为 1。

（1）算法迭代的初始值设为（800m，3800m），测距误差服从均值为 0，均方差为 100m 的高斯白噪声，仿真结果如图 3-5～图 3-7 所示。

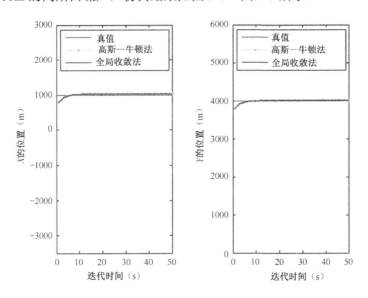

图 3-5　初始值较好时的算法性能

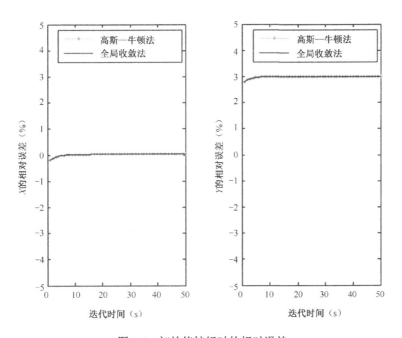

图 3-6　初始值较好时的相对误差

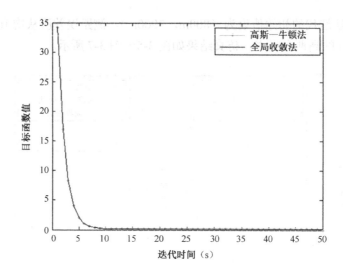

图 3-7　初始值较好时的目标函数曲线

（2）算法迭代初始值远离真值，设初始值为(0,0)，测距误差服从均值为 0、均方差为 100m 的高斯白噪声，仿真结果如图 3-8～图 3-10 所示；标记点的输出情况如表 3-1 所示。

（3）算法迭代的初始值保持(0,0)不变，增大测距误差，使测距误差服从均值为 0、均方差为 1000m 的高斯白噪声；仿真结果如图 3-11～图 3-13 所示。

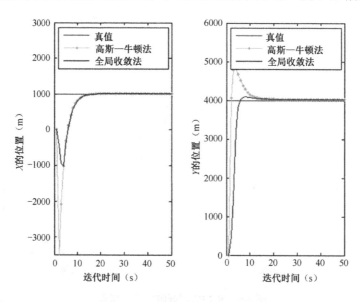

图 3-8　初始值较差时的算法性能

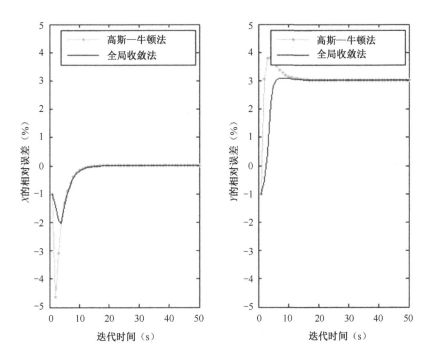

图 3-9　初始值较差时的相对误差

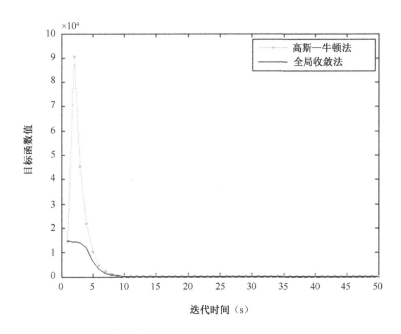

图 3-10　初始值较差时的目标函数曲线

表 3-1　原算法与改进算法标记点值（＊表示标记点值为 1）

迭代步数	1	2	3	4	5	6	7	8	9	10
牛顿—高斯算法	＊	0	0	0	0	0	0	0	0	0
全局收敛算法	0	0	0	0	0	0	0	0	0	0
迭代步数	11	12	13	14	15	16	17	18	19	20
牛顿—高斯算法	0	0	0	0	0	0	0	0	0	0
全局收敛算法	0	0	0	0	0	0	0	0	0	0
迭代步数	21	22	23	24	25	26	27	28	29	30
牛顿—高斯算法	0	0	＊	0	0	0	＊	0	0	0
全局收敛算法	0	0	0	0	0	0	0	0	0	0
迭代步数	31	32	33	34	35	36	37	38	39	40
牛顿—高斯算法	0	＊	0	＊	0	0	0	0	＊	0
全局收敛算法	0	0	0	0	0	0	0	0	0	0
迭代步数	41	42	43	44	45	46	47	48	49	50
牛顿—高斯算法	0	0	＊	＊	0	0	＊	0	＊	0
全局收敛算法	0	0	0	0	0	0	0	0	0	0

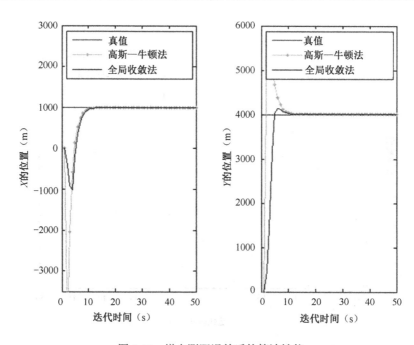

图 3-11　增大测距误差后的算法性能

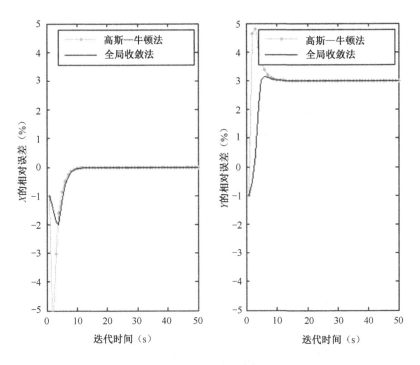

图 3-12　增大测距误差后的相对误差

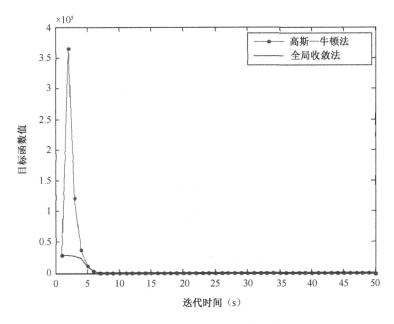

图 3-13　增大测距误差后的目标函数曲线

由条件（1）的仿真试验可以发现，当算法的初始值偏差不大，并且观测噪声相对较小时，原算法和改进算法均能取得较好的收敛效果，通过在 Matlab 源程序中设置标记点，可以发现两种算法的标记点值均为 0，不存在函数值增加的情况；在条件（2）下，当算法的初始值偏差较大时，改进算法比原算法具有更快的收敛速度和更好的精度；通过对比标记点的值，可以发现在每次迭代中，改进算法的目标函数值均减小，而原算法的目标函数值有增加的情况；在条件（3）下，进一步增大观测噪声，改进算法同样比原算法具有更快的收敛速度和更好的精度。上述情况的出现，主要是由于改进算法通过使用全局收敛策略使算法在每一次迭代过程中均趋于最优解，即使是在初值估计不准以及观测方程非线性较强的情况下，仍然可以取得较好的效果。该算法的缺点是：需要在全部观测结束后，才能进行目标参数估计；当观测次数较多时，算法的计算量会增加。因此，使用该算法进行目标参数估计时，需要合理地设置观测次数。另外，该方法也可以扩展到状态向量为多维的情况，相关矩阵的计算会相对复杂。

3.4　基于极大似然原理的目标参数估计算法

不同参数下，似然函数是衡量数据拟合程度的重要指标，利用极大似然估计方法求解得到的参数估计量是数据拟合程度最好的。本节在极大似然估计理论的基础上，详细推导了单站纯距离系统的极大似然估计公式，并结合全局收敛策略[176]，对高斯—牛顿迭代算法进行了改进[177]，有效解决了高斯—牛顿迭代算法对迭代初值的依赖性及测量误差对目标定位精度的影响。

3.4.1　单站纯距离系统的极大似然估计

假设目标做匀速直线运动，观测站机动，取 Y 轴为北，X 轴为东，建立以观测站的初始观测位置为坐标原点的直角坐标系，如图 3-14 所示。

系统状态方程与观测方程如式（3.2.1）、式（3.2.2）所示，假设测量噪声 $\Delta(t_k)$ 是均值为零、方差为 σ_k^2 的高斯白噪声，其概率密度函数为：

$$f(\Delta_k) = (\sqrt{2\pi}\sigma_k)^{-1} \exp\{-[r_k - \sqrt{x_k^2 + y_k^2}]^2 \cdot (2\sigma_k^2)^{-1}\} \qquad (3.4.1)$$

式中，下标 k 表示第 k 次观测的时间，即 t_k 时刻。

测量 N 次，记

$$\boldsymbol{Z}_N = \begin{pmatrix} r_1 \\ \vdots \\ r_N \end{pmatrix}, \boldsymbol{W} = \begin{pmatrix} \sigma_1^2 & \cdots & 0 \\ \vdots & & \vdots \\ 0 & \cdots & \sigma_N^2 \end{pmatrix}, \boldsymbol{H}(X) = \begin{pmatrix} \sqrt{x_1^2 + y_1^2} \\ \vdots \\ \sqrt{x_N^2 + y_N^2} \end{pmatrix} \quad (3.4.2)$$

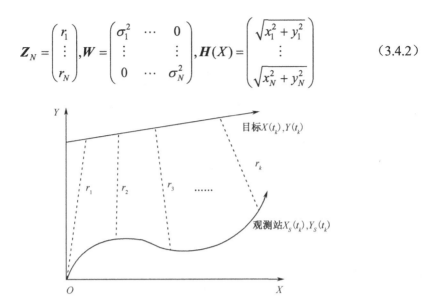

图 3-14　机动观测站和匀速直线运动目标的几何关系

假设每次测量独立，则其矩阵形式的似然函数为

$$L(\boldsymbol{Z}_N | X) = [(2\pi)^N \cdot \det \boldsymbol{W}]^{-\frac{1}{2}} \cdot \exp(-\{[\boldsymbol{Z}_N - \boldsymbol{H}(X)]^{\mathrm{T}} \boldsymbol{W}^{-1} [\boldsymbol{Z}_N - \boldsymbol{H}(X)]\} / 2) \quad (3.4.3)$$

对式（3.4.3）取对数，然后对 X 求偏导，并令其等于 0，得

$$[\partial \boldsymbol{H}(X) / \partial X]^{\mathrm{T}} \boldsymbol{W}^{-1} [\boldsymbol{Z}_N - \boldsymbol{H}(X)] = 0 \quad (3.4.4)$$

假设目标做匀速直线运动，t_1 时刻目标与观测站相对运动状态 $\boldsymbol{X}_o = (x_{o1}, y_{o1}, v_{ox}, v_{oy})^{\mathrm{T}}$，在 t_T 时刻观测站机动，相对速度变为 $v' = (v'_{ox}, v'_{oy})$，则相应 $\boldsymbol{H}(X)$ 的 Jacobian 矩阵 $\boldsymbol{J}(X)$ 为

$$\boldsymbol{J}(X) = \begin{pmatrix} \dfrac{\partial \sqrt{x_{o1}^2 + y_{o1}^2}}{\partial x_{o1}} & \dfrac{\partial \sqrt{x_{o1}^2 + y_{o1}^2}}{\partial y_{o1}} & \dfrac{\partial \sqrt{x_{o1}^2 + y_{o1}^2}}{\partial v_{ox}} & \dfrac{\partial \sqrt{x_{o1}^2 + y_{o1}^2}}{\partial v_{oy}} \\ \vdots & \vdots & \vdots & \vdots \\ \dfrac{\partial \sqrt{x_{ok}^2 + y_{ok}^2}}{\partial x_{o1}} & \dfrac{\partial \sqrt{x_{ok}^2 + y_{ok}^2}}{\partial y_{o1}} & \dfrac{\partial \sqrt{x_{ok}^2 + y_{ok}^2}}{\partial v_{ox}} & \dfrac{\partial \sqrt{x_{ok}^2 + y_{ok}^2}}{\partial v_{oy}} \\ \vdots & \vdots & \vdots & \vdots \\ \dfrac{\partial \sqrt{x_{oN}^2 + y_{oN}^2}}{\partial x_{o1}} & \dfrac{\partial \sqrt{x_{oN}^2 + y_{oN}^2}}{\partial y_{o1}} & \dfrac{\partial \sqrt{x_{oN}^2 + y_{oN}^2}}{\partial v_{ox}} & \dfrac{\partial \sqrt{x_{oN}^2 + y_{oN}^2}}{\partial v_{oy}} \end{pmatrix} \quad (3.4.5)$$

式中

$$\begin{cases} x_{ok} = x_{o1} + (t_k - t_1) \cdot v_{ox} \\ y_{ok} = y_{o1} + (t_k - t_1) \cdot v_{oy} \end{cases} \quad (t_k \leqslant t_T) \tag{3.4.6}$$

$$\begin{cases} x_{oN} = x_{o1} + (t_T - t_1) \cdot v_{ox} + (t_N - t_T) \cdot v'_{ox} \\ y_{oN} = y_{o1} + (t_T - t_1) \cdot v_{oy} + (t_N - t_T) \cdot v'_{oy} \end{cases} \quad (t_N > t_T) \tag{3.4.7}$$

$$\begin{cases} v'_{ox} = v_{ox} + v_{sx} - v'_{sx} \\ v'_{oy} = v_{oy} + v_{sy} - v'_{sy} \end{cases} \tag{3.4.8}$$

式中，$v_{sx}, v'_{sx}, v_{sy}, v'_{sy}$ 分别表示观测站机动前后在 X, Y 方向上的速度分量。易知

$$\begin{cases} \dfrac{\partial \sqrt{x_{ok}^2 + y_{ok}^2}}{\partial x_{o1}} = \dfrac{x_{o1} + (t_k - t_1) \cdot v_{ox}}{\sqrt{[x_{o1} + (t_k - t_1) \cdot v_{ox}]^2 + [y_{o1} + (t_k - t_1) \cdot v_{oy}]^2}} \\[4mm] \dfrac{\partial \sqrt{x_{ok}^2 + y_{ok}^2}}{\partial y_{o1}} = \dfrac{y_{o1} + (t_k - t_1) \cdot v_{oy}}{\sqrt{[x_{o1} + (t_k - t_1) \cdot v_{ox}]^2 + [y_{o1} + (t_k - t_1) \cdot v_{oy}]^2}} \\[4mm] \dfrac{\partial \sqrt{x_{ok}^2 + y_{ok}^2}}{\partial v_{ox}} = \dfrac{(t_k - t_1) \cdot x_k}{\sqrt{[x_{o1} + (t_k - t_1) \cdot v_{ox}]^2 + [y_{o1} + (t_k - t_1) \cdot v_{oy}]^2}} \\[4mm] \dfrac{\partial \sqrt{x_{ok}^2 + y_{ok}^2}}{\partial v_{oy}} = \dfrac{(t_k - t_1) \cdot y_k}{\sqrt{[x_{o1} + (t_k - t_1) \cdot v_{ox}]^2 + [y_{o1} + (t_k - t_1) \cdot v_{oy}]^2}} \end{cases} \tag{3.4.9}$$

$$\begin{cases} \dfrac{\partial \sqrt{x_{oN}^2 + y_{oN}^2}}{\partial x_{o1}} = \dfrac{x_{o1} + (t_T - t_1) \cdot v_{ox} + (t_N - t_T) \cdot v'_{ox}}{\sqrt{[x_{o1} + (t_T - t_1) \cdot v_{ox} + (t_N - t_T) \cdot v'_{ox}]^2 + [y_{o1} + (t_T - t_1) \cdot v_{oy} + (t_N - t_T) \cdot v'_{oy}]^2}} \\[4mm] \dfrac{\partial \sqrt{x_{oN}^2 + y_{oN}^2}}{\partial x_{o1}} = \dfrac{y_{o1} + (t_T - t_1) \cdot v_{oy} + (t_N - t_T) \cdot v'_{oy}}{\sqrt{[x_{o1} + (t_T - t_1) \cdot v_{ox} + (t_N - t_T) \cdot v'_{ox}]^2 + [y_{o1} + (t_T - t_1) \cdot v_{oy} + (t_N - t_T) \cdot v'_{oy}]^2}} \\[4mm] \dfrac{\partial \sqrt{x_{oN}^2 + y_{oN}^2}}{\partial v_{ox}} = \dfrac{(t_N - t_1) \cdot [x_{o1} + (t_T - t_1) \cdot v_{ox} + (t_N - t_T) \cdot v'_{ox}]}{\sqrt{[x_{o1} + (t_T - t_1) \cdot v_{ox} + (t_N - t_T) \cdot v'_{ox}]^2 + [y_{o1} + (t_T - t_1) \cdot v_{oy} + (t_N - t_T) \cdot v'_{oy}]^2}} \\[4mm] \dfrac{\partial \sqrt{x_{oN}^2 + y_{oN}^2}}{\partial v_{oy}} = \dfrac{(t_N - t_1) \cdot [y_{o1} + (t_T - t_1) \cdot v_{oy} + (t_N - t_T) \cdot v'_{oy}]}{\sqrt{[x_{o1} + (t_T - t_1) \cdot v_{ox} + (t_N - t_T) \cdot v'_{ox}]^2 + [y_{o1} + (t_T - t_1) \cdot v_{oy} + (t_N - t_T) \cdot v'_{oy}]^2}} \end{cases}$$

$$\tag{3.4.10}$$

将式（3.4.9）、式（3.4.10）代入式（3.4.4），则有

$$\begin{cases} \dfrac{x_{o1}}{\sqrt{x_{o1}^2+y_{o1}^2}}(r_1-\sqrt{x_{o1}^2+y_{o1}^2})+\cdots+\dfrac{x_{oN}}{\sqrt{x_{oN}^2+y_{oN}^2}}(r_N-\sqrt{x_{oN}^2+y_{oN}^2})=0 \\[3mm] \dfrac{y_{o1}}{\sqrt{x_{o1}^2+y_{o1}^2}}(r_1-\sqrt{x_{o1}^2+y_{o1}^2})+\cdots+\dfrac{y_{oN}}{\sqrt{x_{oN}^2+y_{oN}^2}}(r_N-\sqrt{x_{oN}^2+y_{oN}^2})=0 \\[3mm] 0+\dfrac{(t_2-t_1)\cdot x_{o2}}{\sqrt{x_{o2}^2+y_{o2}^2}}(r_2-\sqrt{x_{o2}^2+y_{o2}^2})+\cdots+\dfrac{(t_N-t_1)\cdot x_{oN}}{\sqrt{x_{oN}^2+y_{oN}^2}}(r_N-\sqrt{x_{oN}^2+y_{oN}^2})=0 \\[3mm] 0+\dfrac{(t_2-t_1)\cdot y_{o2}}{\sqrt{x_{o2}^2+y_{o2}^2}}(r_2-\sqrt{x_{o2}^2+y_{o2}^2})+\cdots+\dfrac{(t_N-t_1)\cdot y_{oN}}{\sqrt{x_{oN}^2+y_{oN}^2}}(r_N-\sqrt{x_{oN}^2+y_{oN}^2})=0 \end{cases} \tag{3.4.11}$$

在式（3.4.11）中，$r_1,r_2,\cdots,r_N$ 表示 $t_1,t_2,\cdots,t_N$ 时刻观测站与目标之间的距离，是可以通过实际量测获得的，将其代入式（3.4.11）中，然后解方程组就可以得到目标运动状态 $\boldsymbol{X}=\left(x(t_k),y(t_k),v_x(t_k),v_y(t_k)\right)^{\mathrm{T}}$ 的极大似然估计值 $\hat{X}$。

式（3.4.11）包含了 4 个方程，且每个方程等式左边的元素个数是由观测站的量测次数决定的，即观测站每进行一次观测，方程等式左边就对应增加了一个与 r_k 有关的值，如果写成矩阵，就相当于增加了一列。如果使用最小二乘方法对单站纯距离系统求解，得到的方程组结构与式（3.4.11）是相反的，即观测站每进行一次观测，就会在原有方程组的基础上增加一行新的方程[178]。

3.4.2　基于全局收敛策略的改进算法

在纯距离量测条件及测量噪声 $\varDelta(t_k)$ 是均值为零、方差为 σ_k^2 的高斯白噪声的假设下，推导得到极大似然函数的表达式如下：

$$L(\boldsymbol{Z}_N|X)=[(2\pi)^N\cdot\det\boldsymbol{W}]^{-\frac{1}{2}}\cdot\exp(-\frac{1}{2}\{[\boldsymbol{Z}_N-\boldsymbol{H}(X)]^{\mathrm{T}}\boldsymbol{W}^{-1}[\boldsymbol{Z}_N-\boldsymbol{H}(X)]\}) \tag{3.4.12}$$

通过极大化式（3.3.12）或者极大化该式的对数，可以将其转变为解最小二乘问题，向量形式表达式如下：

$$\boldsymbol{X}_{ML}=\underset{X}{\arg\min}\frac{1}{2}\{[\boldsymbol{Z}_N-\boldsymbol{H}(X)]^{\mathrm{T}}\boldsymbol{W}^{-1}[\boldsymbol{Z}_N-\boldsymbol{H}(X)]\} \tag{3.4.13}$$

但是，最小二乘估计存在难以获得全局最优解的问题，可以采用搜索算法进行迭代求解，其中最常用的算法是高斯—牛顿迭代法[179]，该算法的优点是收敛速度比较快且运算量较小。

假设 $\hat{X}_k$ 为经过第 k 步迭代后得到的目标运动状态 X_k 的近似解，然后将 $\hat{X}_k$ 进行一阶泰勒展开，得到：

$$\boldsymbol{H}(X)-\boldsymbol{H}(\hat{X}_K)\approx\frac{\partial\boldsymbol{H}(\hat{X}_K)}{\partial X}(X-\hat{X}_k) \tag{3.4.14}$$

式（3.4.13）可写成最小二乘估计形式：

$$X_{ML} = \underset{X'}{\arg\min} \frac{1}{2} \left\| Z_N - H(\hat{X}_k) - \frac{\partial H(\hat{X}_k)}{\partial X}(X - \hat{X}_k) \right\|_{W^{-1}}$$ （3.4.15）

可以得到迭代解：

$$\hat{X}_{k+1} = \hat{X}_k + s_k \cdot [J^{\mathrm{T}}(\hat{X}_k)W^{-1}J(\hat{X}_k)]^{-1}J^{\mathrm{T}}(\hat{X}_k)W^{-1}[Z_N - H(\hat{X}_k)]$$ （3.4.16）

式中，s_k 表示步长因子。

当迭代初值与目标真实状态充分接近时，利用高斯—牛顿迭代算法求得的解是渐近收敛的；但是当迭代初值偏离目标真实状态时，算法存在失效的问题。此时可以采用全局收敛策略对算法进行改进。算法步骤同 3.3.2.2 节。

3.4.3　仿真试验及分析

仿真态势 1：

假设目标静止，位置坐标(1000m,3000m)；观测站做匀速转弯运动，初始位置坐标为(12000m,12000m)，转弯率 $\omega = 0.02$，速度 20m/s，测量时间间隔 $\Delta T = 10$s，共进行 100 次观测，迭代步数为 50。另外，通过在仿真程序中设置标记点 1 和 0 来记录目标函数值增加和减小的情况，其中，标记点为 1 时表示目标函数值增加，标记点为 0 时表示目标函数值减小。

（1）迭代初值接近目标位置真值，设为(800m,3100m)，测距误差服从均值为 0，均方差为 10m 的高斯白噪声，仿真结果如图 3-15 所示，标记点输出情况如表 3-2 所示。

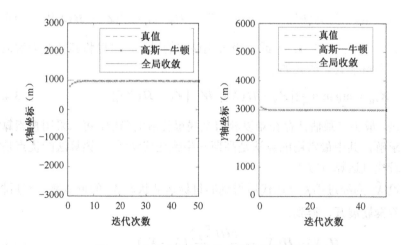

图 3-15　初始值较好时静止目标的位置估计

（2）迭代初值远离目标位置真值，设为(0m,0m)，测距误差服从均值为 0，均方差为 10m 的高斯白噪声，仿真结果如图 3-16 所示，标记点输出情况如表 3-3 所示。

表 3-2　初始值较好时牛顿迭代算法与全局收敛算法标记点值

迭代次数	1	2	3	4	5	6	7	8	9	10
牛顿迭代算法	0	0	0	0	0	0	0	0	0	0
全局收敛算法	0	0	0	0	0	0	0	0	0	0
迭代次数	11	12	13	14	15	16	17	18	19	20
牛顿迭代算法	0	0	0	0	0	0	0	0	0	0
全局收敛算法	0	0	0	0	0	0	0	0	0	0
迭代次数	21	22	23	24	25	26	27	28	29	30
牛顿迭代算法	0	0	0	0	0	0	0	0	0	0
全局收敛算法	0	0	0	0	0	0	0	0	0	0
迭代次数	31	32	33	34	35	36	37	38	39	40
牛顿迭代算法	0	0	0	0	0	0	0	0	0	0
全局收敛算法	0	0	0	0	0	0	0	0	0	0
迭代次数	41	42	43	44	45	46	47	48	49	50
牛顿迭代算法	0	0	0	0	0	0	0	0	0	0
全局收敛算法	0	0	0	0	0	0	0	0	0	0

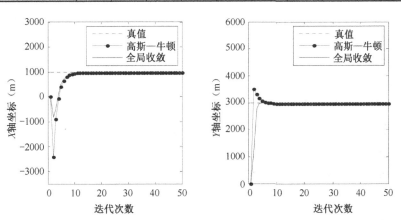

图 3-16　初始值较差时静止目标的位置估计

表 3-3　初始值较差时牛顿迭代算法与全局收敛算法标记点值

迭代次数	1	2	3	4	5	6	7	8	9	10
牛顿迭代算法	1	0	0	0	0	0	0	0	0	0
全局收敛算法	0	0	0	0	0	0	0	0	0	0
迭代次数	11	12	13	14	15	16	17	18	19	20
牛顿迭代算法	0	0	0	0	1	0	0	0	0	0
全局收敛算法	0	0	0	0	0	0	0	0	0	0
迭代次数	21	22	23	24	25	26	27	28	29	30
牛顿迭代算法	0	0	0	0	0	0	0	0	0	0
全局收敛算法	0	0	0	0	0	0	0	0	0	0
迭代次数	31	32	33	34	35	36	37	38	39	40
牛顿迭代算法	0	0	0	0	0	0	0	1	0	1
全局收敛算法	0	0	0	0	0	0	0	0	0	0
迭代次数	41	42	43	44	45	46	47	48	49	50
牛顿迭代算法	0	1	0	1	1	0	0	1	0	0
全局收敛算法	0	0	0	0	0	0	0	0	0	0

由图 3-15、图 3-16 可知，当迭代初始值较好时，牛顿迭代算法和全局收敛迭代算法均能取得较好的收敛效果和定位精度；但当迭代初始值较差时，全局收敛迭代算法比牛顿迭代算法具有更快的收敛速度和更好的精度。

由表 3-2、表 3-3 可知，当迭代初始值较好时，牛顿迭代算法和全局收敛迭代算法的标记点值均为 0，说明不存在目标函数值增加的情况，但当迭代初始值较差时，牛顿迭代算法的标记点值存在值为 1 的情况，说明目标函数值有增加的情况，而全局收敛迭代算法的标记点值均为 0，说明目标函数值均减小，这是由于全局收敛策略在每一次迭代过程中都能使目标函数值趋于最优解。

仿真态势 2：

假设目标做匀速直线运动，航向 $K_m = \pi/4$，初始位置坐标(1000m,1000m)，航行速度为(10m/s,10m/s)；观测站运动态势与仿真态势 1 中相同，测量时间间隔 $\Delta T = 10s$，共进行 100 次观测，迭代步数为 100，迭代初值接近目标位置真值，设为(900m,1100m)。

（1）测距误差服从均值为 0，均方差为 10m 的高斯白噪声，仿真结果如图 3-17 和图 3-18 所示。

（2）测距误差服从均值为 0，均方差为 100m 的高斯白噪声，仿真结果如图 3-19 和图 3-20 所示。

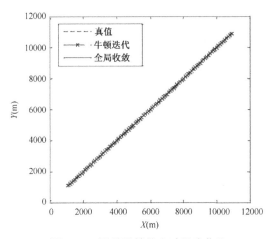

图 3-17　测量误差较小时跟踪曲线

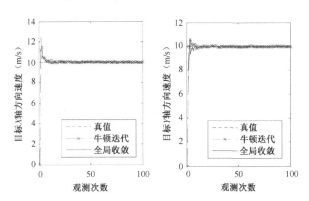

图 3-18　测量误差较小时目标的速度估计

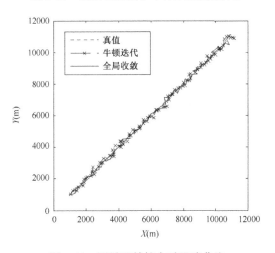

图 3-19　测量误差较大时跟踪曲线

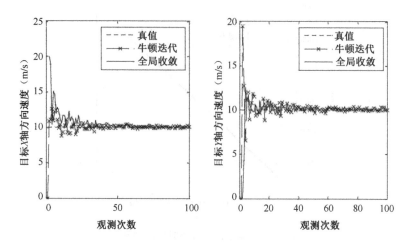

图 3-20　测量误差较大时目标的速度估计

由图 3-17～图 3-20 可知，当测距误差增大时，全局收敛迭代算法仍然保证收敛速度和精度，定位性能优于牛顿迭代算法，其原因在于全局收敛策略在每一次迭代过程中都能使目标函数值趋于最优解。

在仿真态势 2 中测距误差较大的条件下，对基于极大似然估计的全局收敛迭代算法进行了 100 次仿真试验，仿真结果与一次仿真结果基本一致。为方便观察，仅将前 10 次仿真结果图画出，如图 3-21 和图 3-22 所示。

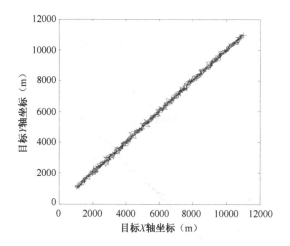

图 3-21　跟踪曲线

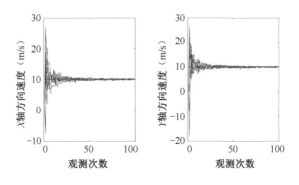

图 3-22 目标的速度估计

3.5 UKF 算法的基本原理

对于非线性系统而言，要想求解得到系统的最优解，需要已知系统的条件概率密度函数，但在实际应用过程中，条件概率密度函数是很难得到的[180]。针对这个问题，可以采用次优近似的方法[181-183]，其中 UKF 算法是应用比较广泛的近似方法。

3.5.1 UT 变换

UT 变换是 UKF 算法的基础，该变换是基于对随机向量概率进行近似的难度要远远低于对非线性方程进行近似的基本思想，对随机向量概率进行非线性传递的一种计算方法。

假设有一非线性函数 $y = f(x)$，x 为一随机的 n 维变量，且 x 的均值为 $\bar{x}$，方差为 $\boldsymbol{P}_{xx}$，下面给出计算向量 $\boldsymbol{\mathcal{X}}_i$、权值 W_i 的公式：

$$\mathcal{X}_0 = \bar{x} \tag{3.5.1}$$

$$\mathcal{X}_i = \bar{x} + (\sqrt{(n+\lambda)\boldsymbol{P}_{xx}})_i \quad (i = 1, 2, \cdots, n) \tag{3.5.2}$$

$$\mathcal{X}_{i+n} = \bar{x} - (\sqrt{(n+\lambda)\boldsymbol{P}_{xx}})_i \quad (i = 1, 2, \cdots, n) \tag{3.5.3}$$

$$W_0^{(m)} = \lambda/(n+\lambda) \tag{3.5.4}$$

$$W_0^{(c)} = \frac{\lambda}{n+\lambda} + (1 - \alpha^2 + \beta) \tag{3.5.5}$$

$$W_i^{(m)} = W_i^{(c)} = 1/2(n+\lambda) \quad (i = 1, 2, \cdots, n) \tag{3.5.6}$$

式中，χ_i 表示随机采样的 Sigma 点；W_i 表示第 i 个 Sigma 点的权值；$W_i^{(m)}$ 表示均值的权值；$W_i^{(c)}$ 表示协方差的权值，且 $\sum W_i = 1$；$\lambda = \alpha^2(n + \kappa) - n$ 称为尺度调节因子，$\alpha > 0$ 且取值很小，表示 Sigma 点在均值 $\bar{x}$ 附近的随机分布情况；次级尺度调节因子 $\kappa = 0$。在高斯分布的情况下 $\beta = 2$，$(\sqrt{(n + \lambda)\boldsymbol{P}_{xx}})_i$ 表示矩阵 $(n + \lambda)\boldsymbol{P}_{xx}$ 的平方根的第 i 行或者第 i 列。

综上所述，UT 变换的主要计算步骤如下[184]：

步骤 1：在初始采样点 χ_i 的基础上得到新的点集 z_i

$$z_i = f(\chi_i) \tag{3.5.7}$$

步骤 2：对点集 z_i 进行加权平均

$$\hat{z} = \sum_{i=0}^{2n} W_i z_i \tag{3.5.8}$$

步骤 3：计算得到非线性函数的协方差

$$\boldsymbol{P}_{zz} = \sum_{i=0}^{2n} W_i(z_i - \hat{z})(z_i - \hat{z})^{\mathrm{T}} \tag{3.5.9}$$

3.5.2 标准 UKF 算法

根据以上 UT 变换，可得标准 UKF 算法，其计算步骤如下[185]：

（1）利用初始状态估计，得到最初的 $2n + 1$ 个 Sigma 点：

$$\chi_{i,k-1} = [\bar{x}_{i,k-1} \pm \sqrt{(n + \lambda)P_{i,k-1}}] \tag{3.5.10}$$

（2）利用过程模型变换这些 Sigma 点：

$$\chi_{i,k|k-1} = f(\chi_{i,k-1}) \tag{3.5.11}$$

（3）计算预测估计值：

$$\hat{x}_{k|k-1} = \sum_{i=0}^{2n} W_i \chi_{i,k|k-1} \tag{3.5.12}$$

（4）计算预测协方差：

$$P_{k|k-1} = \sum_{i=0}^{2n} W_i[\chi_{i,k|k-1}^x - \hat{x}_{k|k-1}][\chi_{i,k|k-1}^x - \hat{x}_{k|k-1}]^{\mathrm{T}} \tag{3.5.13}$$

（5）通过测量方程计算测量值：

$$z_{i,k|k-1} = h_k(\hat{x}_{k|k-1}) \tag{3.5.14}$$

（6）计算预测测量值：

$$\hat{z}_{k|k-1} = \sum_{i=0}^{2n} W_i z_{i,k|k-1} \tag{3.5.15}$$

（7）计算新息方差：

$$P_{z_{k|k-1}z_{k|k-1}} = \sum_{i=0}^{2n} W_i [Z_{i,k|k-1} - \hat{z}_{k|k-1}][Z_{i,k|k-1} - \hat{z}_{k|k-1}]^{\mathrm{T}} \tag{3.5.16}$$

（8）计算 $\hat{x}_{k|k-1}$ 和 $\hat{z}_{k|k-1}$ 的协方差：

$$P_{x_{k|k-1}z_{k|k-1}} = \sum_{i=0}^{2n} W_i [\chi_{i,k|k-1}^x - \hat{x}_{k|k-1}][Z_{i,k|k-1} - \hat{z}_{k|k-1}]^{\mathrm{T}} \tag{3.5.17}$$

（9）计算 Kalman 增益：

$$K_k = P_{x_{k|k-1}z_{k|k-1}} P_{z_{k|k-1}z_{k|k-1}}^{-1} \tag{3.5.18}$$

（10）更新误差协方差：

$$P_{k|k} = P_{k|k-1} - K_k P_{z_{k|k-1}z_{k|k-1}} K_k^{-1} \tag{3.5.19}$$

（11）更新状态：

$$\hat{x}_k = \hat{x}_{k|k-1} + K_k(z_k - \hat{z}_{k|k-1}) \tag{3.5.20}$$

UKF 算法的使用前提是假设状态估计是关于观测量的线性函数，然后使用线性最小均方估计方法进行测量更新。对于非线性系统来说，这仍然只是一种近似的更新方式，在量测噪声等因素的影响下，存在滤波收敛缓慢、定位精度低、性能不稳定等问题[186]。为解决上述问题，可以采用迭代 UKF 算法[187-190]（IUKF算法）。

3.5.3　迭代 UKF 算法

IUKF 算法的基本原理：将系统根据预测状态估计值重新进行 UT 变换，可以得到更加准确逼近真实估计的采样点，提高了对目标运动状态的估计精度。算法基本流程如下：

根据预测估计值 $\hat{x}_{k|k-1}$ 和预测协方差 $P_{k|k-1}$，重新产生 $2n+1$ 个 Sigma 点，代入测量方程可得到 Sigma 点对应的测量值 $z_{i,k|k-1}$ $(i=0,1,\cdots,2n)$，W_i 是与第 i 个点相对应的权重，可得预测测量值

$$z_{k|k-1} = \sum_{i=0}^{2n} W_i z_{i,k|k-1} \tag{3.5.21}$$

将式（3.5.21）代入 3.5.2 节 UKF 算法流程的第 5 步，即式（3.5.14），然后继续执行第 6～11 步，即得 IUKF 算法流程，如图 3-23 所示。

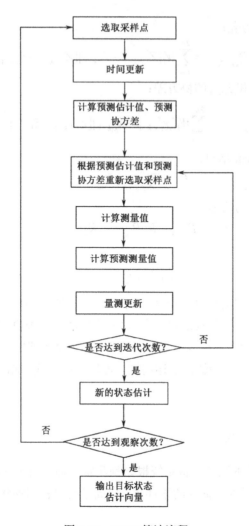

图 3-23　IUKF 算法流程

3.5.4　仿真试验及分析

假设目标做匀速直线运动，初始位置坐标为 $(1000\text{m},1000\text{m})$ ，航向角 $K_W = \pi/4$ ，速度 $v_x = 10\text{m}/\text{s}$ ， $v_y = 10\text{m}/\text{s}$ 。观测站做匀速转弯运动，初始位置坐标为 $(10000\text{m},10000\text{m})$ ，转弯率 $\varepsilon = 0.08$ ，速度 $20\text{m}/\text{s}$ ，测量时间间隔为 10s ，共进行 100 次观测。

仿真态势 1：测距误差服从均值为 0、均方差为 1m 的高斯白噪声，仿真结果如图 3-24～图 3-26 所示。

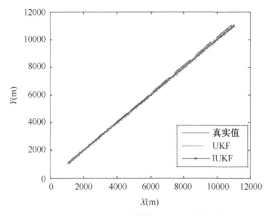

图 3-24 测距误差较小时跟踪曲线

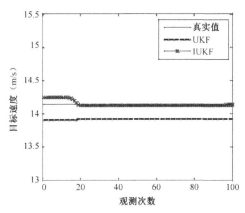

图 3-25 测距误差较小时目标速度估计

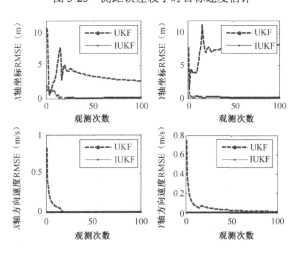

图 3-26 测距误差较小时 UKF 与 IUKF 算法性能比较

仿真态势 2（增大测距误差）：测距误差服从均值为 0、均方差为 100m 的高斯白噪声，仿真结果如图 3-27 和图 3-28 所示。

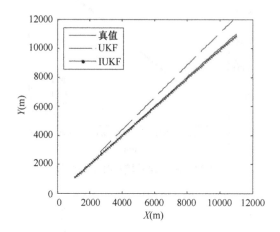

图 3-27   测距误差较大时跟踪曲线

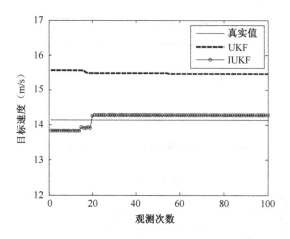

图 3-28   测距误差较大时目标速度估计

仿真结果表明，当测距误差较小时，UKF 算法和 IUKF 算法均能收到较好的收敛效果；当测距误差增大时，UKF 算法易发散，IUKF 算法估计精度良好。

IUKF 算法的本质是通过迭代测量更新来提高非线性系统近似精度的方式，其算法原理简单易懂，在实际应用过程中也比较容易编程实现。相对于 UKF 算法，IUKF 算法的优点在于在状态估计值的基础上重新进行了一次 UT 变换，进一步改善了目标状态估计的精度。但是这种方式每次观测时都进行迭代且需要设定迭代次数，无法根据实际量测情况，确定是否迭代。迭代次数过小，达不到提高精度的要求；迭代次数过多，计算量过大，迭代次数一般设定为 2～3 次[191]。

3.6　自适应迭代 UKF 算法

针对 3.5 节 IUKF 算法存在的问题，提出一种改进迭代测量更新方式，将观测预测值与实际观测值、系统采样点与实际观测值的适应度函数作为评价标准，然后根据两个适应度函数之间的比值自适应确定是否进行迭代测量更新。

3.6.1　自适应迭代 UKF 算法步骤

IUKF 算法需要人工设定迭代次数，不能根据采样点与真实估计值的逼近程度自动选择是否迭代。为了解决这个问题，引入了遗传算法中的个体适应度函数[192,193]对 IUKF 算法进行改进，通过计算预测测量值与实际观测值的适应度函数、采样点与实际观测值的适应度函数，然后根据两个适应度函数的比值确定采样点与目标真实估计的偏差度，从而自适应确定是否进行迭代重新采样。具体步骤如下：

（1）定义适应度函数。

预测测量值与实际观测值的适应度函数：

$$\text{Fitness1} = \exp\left\{-\frac{(z_k - \hat{z}_{k|k-1})^2}{2R}\right\} \tag{3.6.1}$$

采样点与实际观测值的适应度函数：

$$\text{Fitness2} = \sum_{i=0}^{2n} W_i \exp\left\{-\frac{(z_k - \hat{z}_{i,k|k-1})^2}{2R}\right\} \tag{3.6.2}$$

适应度函数比值：

$$\rho = \frac{\text{Fitness2}}{\text{Fitness1}} \tag{3.6.3}$$

式中，$\hat{z}_{k|k-1}$ 为预测测量值；z_k 为实际观测值；$\hat{z}_{i,k|k-1}$ 为采样点对应的测量值；R 为观测噪声方差。

（2）判断是否迭代。

如果 $\rho < 1$，表示采样点有效逼近真实估计，则不进行迭代测量更新；如果 $\rho \geq 1$，表示采样点与真实估计偏差较大，则根据预测估计值 $\hat{x}_{k|k-1}$ 和预测协方差 $P_{k|k-1}$，重新选取采样点，代入 3.5.3 节 IUKF 算法流程中的第 7 步和第 8 步，可

得新的预测测量值：

$$\hat{z}^*_{k|k-1} = \sum_{i=0}^{2n} W_i z_{i,k|k-1} \quad (i=0,1,2,\cdots,2n) \tag{3.6.4}$$

式中，W_i 是与第 i 个采样点相对应的权重；$z_{i,k|k-1}$ 是新的采样点对应的测量值。

将式(3.6.4)代入 IUKF 算法流程第 9 步，进行量测更新，然后继续执行 IUKF 算法流程，可得自适应迭代 UKF 算法（Adaptive Iterated Unscented Kalman Filter，AIUKF）一次计算过程，其流程如图 3-29 所示。

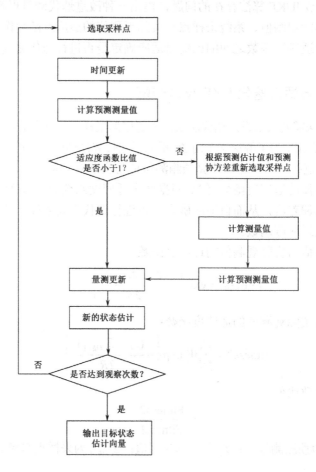

图 3-29　AIUKF 算法流程

3.6.2　仿真试验及分析

运用 UKF 算法、迭代一次的 IUKF 算法、AIUKF 算法分别进行仿真试验。

仿真态势 1：

假设目标做匀速直线运动，初始位置为(1000m,1000m)，航向角 $K_W = \pi/4$，速度 $v_x = 10\text{m/s}$，$v_y = 10\text{m/s}$；观测站做匀速转弯运动，初始位置为 (10000m,10000m)，转弯率 $\varepsilon = 0.08$，速度 20m/s；测量时间间隔为10s，共进行 100 次观测，测距误差服从均值为 0、均方差为100m 的高斯白噪声。仿真结果如图 3-30 和图 3-31 所示，如表 3-4 所示。表 3-4 中迭代标记"*"表示 AIUKF 算法进行一次迭代。

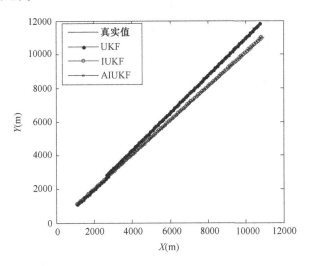

图 3-30　跟踪曲线

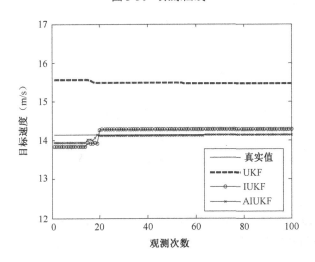

图 3-31　目标速度估计

表3-4 AIUKF算法的适应度函数值与迭代标记

观测次数	1	2	3	4	5	6	7	8	9	10
ρ	1.052*	1.119*	0.492	0.226	0.321	0.129	0.067	2.236*	0.258	0.066
观测次数	11	12	13	14	15	16	17	18	19	20
ρ	0.227	0.248	0.617	0.291	1.019*	0.442	0.004	0.289	0.316	0.107
观测次数	21	22	23	24	25	26	27	28	29	30
ρ	0.537	0.049	1.229*	0.015	0.223	0.284	1.423*	0.533	5.012*	0.671
观测次数	31	32	33	34	35	36	37	38	39	40
ρ	0.122	0.201	0.435	20.75*	0.829	2.493*	0.227	0.259	0.281	0.207
观测次数	41	42	43	44	45	46	47	48	49	50
ρ	0.179	0.226	0.215	0.744	0.245	0.181	0.189	0.138	0.126	0.265
观测次数	51	52	53	54	55	56	57	58	59	60
ρ	0.155	0.241	0.253	0.320	0.197	0.185	0.118	0.358	0.155	0.138
观测次数	61	62	63	64	65	66	67	68	69	70
ρ	0.111	0.141	0.121	0.366	0.301	0.164	0.253	0.051	0.228	0.206
观测次数	71	72	73	74	75	76	77	78	79	80
ρ	0.121	0.166	0.129	0.215	0.467	0.252	0.125	0.100	0.162	0.154
观测次数	81	82	83	84	85	86	87	88	89	90
ρ	0.871	0.085	0.035	0.166	0.339	0.040	0.069	0.140	0.075	0.170
观测次数	91	92	93	94	95	96	97	98	99	100
ρ	0.024	0.135	0.071	0.068	0.085	0.241	0.091	0.054	0.063	0.101

仿真结果表明，AIUKF算法适用于纯距离目标定位与跟踪，且目标定位与跟踪的精度优于UKF算法、IUKF算法。

由表3-4可知，AIUKF算法运算过程中，分别在8个观测时刻进行了迭代，其中第34次观测时进行了迭代更新且此时的适应度函数比值 $\rho=20.75$，说明该时刻量测的观测值较真实值偏差较大。在实际应用中，自动判断是否执行迭代的过程，其实也是验证目标观测位置与实际位置的符合程度的过程，如果偏差较大的次数很少，则可能是由噪声干扰、气象条件等因素引起的偶然事件；如果偏差较大的次数较多，则需要进一步考虑是否出现硬件故障、操作失误等情况，即改进算法不仅可以实现对目标的有效定位跟踪，还可以提供定位跟踪过程中的细节信息。

仿真态势2：

假设目标做匀速转弯运动，初始位置为 $(1000\text{m},1000\text{m})$，速度 10m/s，转弯率 $\varepsilon=0.02$；观测站做匀速转弯运动，初始位置为 $(10000\text{m},10000\text{m})$，速度 20m/s，转弯率 $\varepsilon=0.08$。测量时间间隔为1s，共进行100次观测，测距误差服从均值为0、均方差为100m的高斯白噪声。仿真试验结果如图3-32和图3-33所示。

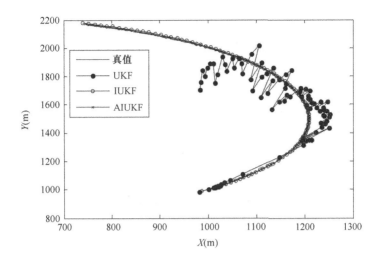

图 3-32　跟踪曲线

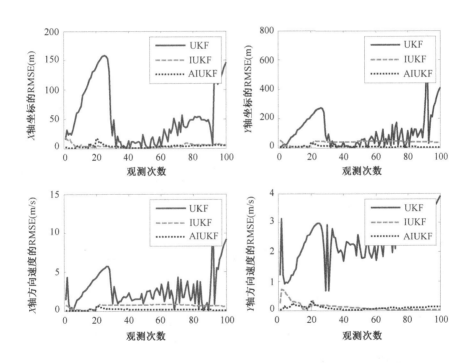

图 3-33　三种不同算法的 RMSE 比较

仿真结果表明,UKF 算法失效,无法实现对目标的定位跟踪,IUKF 和 AIUKF 算法仍适用于纯距离系统定位跟踪,但此时 AIUKF 算法性能优于 IUKF。

仿真态势 3：

将 IUKF 算法的迭代次数分别设定为 1 次、3 次，与 AIUKF 算法进行比较，其他仿真条件与态势 2 相同，仿真结果如图 3-34、表 3-5 所示。

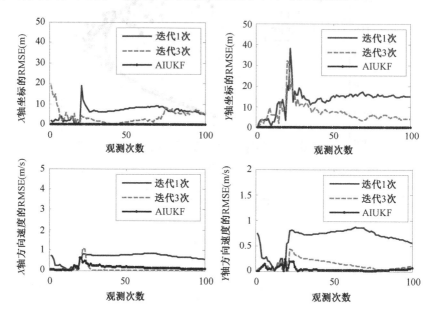

图 3-34 不同算法的 RMSE 比较

表 3-5 算法运算时间

性能 \ 算法	迭代 1 次的 IUKF	迭代 3 次的 IUKF	AIUKF
运行时间（s）	0.1705	0.5197	0.1942

仿真结果表明，迭代 1 次的 IUKF 算法性能明显低于 AIUKF，迭代 3 次的 IUKF 的算法性能与 AIUKF 算法基本相当，但运算时间 3 倍于 AIUKF。

在仿真态势 2 的条件下，对 AIUKF 算法进行 100 次仿真试验，仿真试验结果与一次仿真试验结果基本一致。为方便观察，仅将前 10 次仿真试验的结果图画出，如图 3-35 和图 3-36 所示。

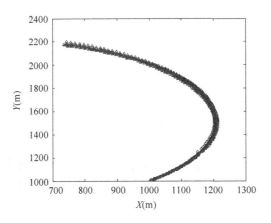

图 3-35 跟踪曲线

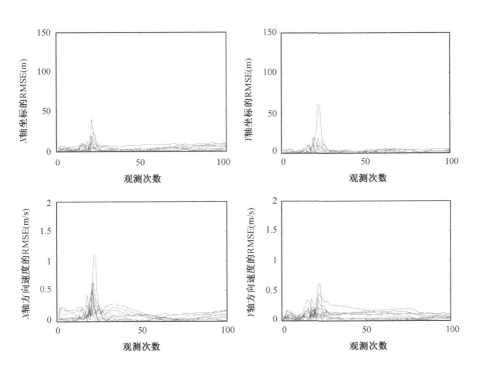

图 3-36 算法性能

第4章

单站机动航路优化研究

●●●●●●●●

4.1 引言

第 2 章研究分析了单站纯距离系统可观测性的条件,结论表明:在纯距离测量条件下,对于静止目标,非径向运动的单观测站必须进行机动转向才可观测;对于匀速直线运动目标,单观测站必须进行高于目标一阶的机动才可观测。简言之,单站纯距离系统是否可观测,如果可以观测其可观测程度大小如何,都与观测站的航路机动密切相关。实际中,满足可观测性条件的机动航路可能有许多条,不同航路对目标定位与跟踪性能的影响是不同的,怎么制定航路机动方案是亟待解决的问题。因此,研究不同航路机动对目标定位跟踪精度的影响,通过优化分析找到最优机动航路, 是进行机动航路优化研究的主要目的。

目前关于航路机动的文献大多是针对纯方位目标定位与跟踪进行研究的[97-101,194],公开可查的纯距离系统航路优化问题的研究资料很少。本章主要解决单站机动航路优化问题,重点研究单观测站机动航路对目标定位与跟踪精度的影响,对机动航路进行优化分析。

4.2　观测站匀速直线一次转向机动时的可观测度分析

第 2 章针对单站纯距离系统的可观测性条件进行了研究,但是并未对可观测性的程度进行度量,本节提出可观测度的概念,并在此基础上分析观测站匀速直线一次转向机动的最优航路。

4.2.1　可观测度的定义

假设目标静止,位置坐标为 (x, y);观测站做匀速直线运动,初始速率为 V_{s1},初始航向角为 K_{s1},进行 l 次观测,观测时间间隔为 ΔT,观测站的位置坐标依次为 $(x_{s1}, y_{s1}), (x_{s2}, y_{s2}), \cdots, (x_{sl}, y_{sl})$;观测站在第 k 次观测时转向,$k \geqslant l$,以速率 V_{s2}、航向角 K_{s2} 继续做匀速直线运动,观测站与目标的几何关系如图 4-1 所示。

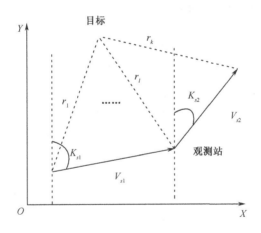

图 4-1　静止目标与一次转向机动观测站的运动几何关系

由式(2.2.9)可知:

$$m_{11} = (x_{s2} - x_{s1})^2 + \cdots + (x_{sl} - x_{s,l-1})^2 + (x_{s,l+1} - x_{s,l})^2 + \cdots + (x_{s,k} - x_{s,k-1})^2 \tag{4.2.1}$$
$$= (l-1)V_{s1}\Delta T \sin K_{s1} + (k-l)V_{s2}\Delta T \sin K_{s2}$$

$$m_{22} = (y_{s2} - y_{s1})^2 + \cdots + (y_{sl} - y_{s,l-1})^2 + (y_{s,l+1} - y_{s,l})^2 + \cdots + (y_{s,k} - y_{s,k-1})^2 \tag{4.2.2}$$
$$= (l-1)V_{s1}\Delta T \cos K_{s1} + (k-l)V_{s2}\Delta T \cos K_{s2}$$

$$m_{12} = (x_{s2} - x_{s1})(y_{s2} - y_{s1}) + \cdots + (x_{sl} - x_{s,l-1})(y_{sl} - y_{s,l-1}) + (x_{s,l+1} - x_{s,l})(y_{s,l+1} - y_{s,l}) +$$

$$\cdots + (x_{s,k} - x_{s,k-1})(y_{s,k} - y_{s,k-1})$$

$$= (l-1)V_{s1}\Delta T \sin K_{s1} \cos K_{s1} + (k-l)V_{s2}\Delta T \sin K_{s2} \cos K_{s2} \tag{4.2.3}$$

将式（4.2.1）～式（4.2.3）代入式（2.2.8）计算可得：

$$\det \boldsymbol{M} = \begin{vmatrix} m_{11} & m_{12} \\ m_{21} & m_{22} \end{vmatrix} = (l-1)(k-l)\Delta TV_{s1}^2 V_{s2}^2 \sin^2(K_{s1} - K_{s2}) \tag{4.2.4}$$

第 2 章研究中仅以 $\det \boldsymbol{M}$ 是否等于 0 来判断系统的可观测性，并没有给出可以判别系统可观测性强弱的量。这里，定义可观测度 $\varphi = \det \boldsymbol{M}$ 来进行可观测程度的定量描述[195]。

由式（4.2.4）可知，在观测站速度不变的情况下，不考虑转向时刻，转向前后航向角度差 $K_{s1} - K_{s2} = \pm\pi/2$，即观测站转向 90° 时，$\det \boldsymbol{M}$ 值最大，此时可观测度最大，即匀速直线运动的观测站进行一次转向机动时，转向 90° 为最优航路。

4.2.2 仿真试验及分析

假设目标静止，位置坐标为 (500m,1000m)，观测站初始位置 (2000m,2000m)，测量时间间隔为 1s，共进行 100 次观测，测距误差服从均值为 0，均方差为 10m 的高斯白噪声。选择以下 4 种不同机动航路进行仿真试验，观测站不同机动航路如图 4-2 所示。由于 4.2.1 节是基于递推形式推导出可观测度的表达式，因此这里运用基于最小二乘原理的递推格式方法[142]对目标进行解算，仿真结果如图 4-3 和图 4-4。

仿真态势 1：观测站转向 15°

航路 1：观测站做匀速直线运动，$v = 16\text{m/s}$，初始航向角 $K_{w1} = \pi/6$，50s 后观测站进行一次转向，以航向角 $K_{w2} = \pi/4$ 继续匀速直线运动，速度大小不变。

仿真态势 2：观测站转向 60°

航路 2：观测站做匀速直线运动，$v = 16\text{m/s}$，初始航向角 $K_{w1} = \pi/6$，50s 后观测站进行一次转向，以航向角 $K_{w2} = \pi/2$ 继续匀速直线运动，速度大小不变。

仿真态势 3：观测站转向 90° （顺时针转 90°）

航路 3：观测站做匀速直线运动，$v = 16\text{m/s}$，初始航向角 $K_{w1} = \pi/6$，50s 后观测站进行一次转向，以航向角 $K_{w2} = 2\pi/3$ 继续匀速直线运动，速度大小不变。

仿真态势 4：观测站转向 90°（逆时针转 90°）

航路 4： 观测站做匀速直线运动，$v=16\text{m/s}$，初始航向角 $K_{w1}=\pi/6$，50s 后观测站进行一次转向，以航向角 $K_{w2}=-\pi/3$ 继续做匀速直线运动，速度大小不变。

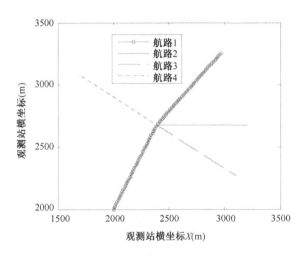

图 4-2　观测站不同机动航路

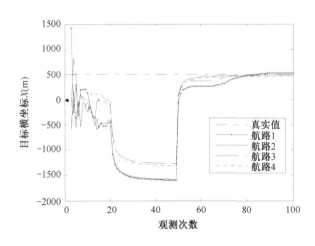

图 4-3　目标 X 轴位置坐标估计

从图 4-2 和图 4-3 可以看出，在转向前，系统无法实现对目标的定位，转向后，对目标位置的估计值才开始趋于收敛，进一步验证了 2.3 节 "对于静止目标，非径向匀速直线运动的观测站必须转向才可观测" 的结论。观测站一次转向 90°

时的机动航路的定位精度、收敛速度明显优于转向 15°和转向 60°的航路，验证了 4.2.1 节的结论。航路 3 与航路 4 的定位曲线基本重合，说明顺时针转向 90°和逆时针转向 90°对目标定位精度基本无影响，即转向方向对目标定位精度无太大影响。

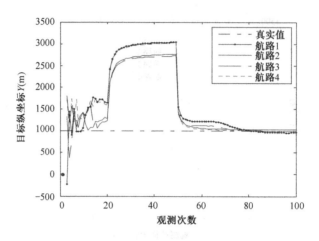

图 4-4　目标 Y 轴位置坐标估计

4.3　单站纯距离测量模型的 CRLB

通过上一节研究可知，采用可观测度作为评价观测站匀速直线一次转向机动航路定位性能的指标，虽然结论表明观测站机动航路对目标定位性能有影响，但是却具有适用于匀速直线一次转向机动和递推格式的局限性，因此，本节介绍一种更常用的评价性能指标 CRLB[100,196]，并详细推导单站纯距离系统的 CRLB 计算公式[197]，为 4.4 节研究奠定理论基础。

4.3.1　定位与跟踪误差下限

测量集 $Z^k = \{z_j, j = 0, 1, 2, \cdots, k\}$，$k$ 表示观测时刻，$X \in R^n$ 估计的似然函数为 $\Lambda_{Z^k}(X) = p(Z^k | X)$，则 CRLB 为

$$\text{CRLB} = -E\left[\frac{\mathrm{d}^2}{\mathrm{d}X^2} \ln \Lambda_{Z^k}(X)\right]^{-1} \qquad (4.3.1)$$

式中，$E(\cdot)$ 表示统计均值。

设非线性测量方程为

$$Z_j = \boldsymbol{h}_j(X_j) + \Delta_j \quad (j = 0,1,2,\cdots,k) \tag{4.3.2}$$

式中，$\boldsymbol{h}_j(X_j) \in R^n \to R^m$ 是非线性函数向量；测量噪声 Δ_j 为零均值高斯白噪声，且每次测量是互相独立的，则其协方差为

$$R_j = \mathrm{diag}[\sigma_{j1}^2, \sigma_{j2}^2, \cdots, \sigma_{jm}^2] \tag{4.3.3}$$

测量集 Z^k 关于 X 的似然函数为

$$\Lambda_{Z^k}(X) = C \cdot \exp\{-\frac{1}{2}\sum_{j=0}^{k}[Z_j - h_j(X_j)]^T R_j^{-1}[Z_j - h_j(X_j)]\} \tag{4.3.4}$$

令

$$f_j(X) = Z_j - h_j(X) = [f_{j1}(X), f_{j2}(X), \cdots, f_{jm}(X)]^T \tag{4.3.5}$$

$f_j(X)$ 的 Jacobian 矩阵为

$$F_j = \frac{\mathrm{d}f_j(X)}{\mathrm{d}X} \tag{4.3.6}$$

则

$$\frac{\mathrm{d}}{\mathrm{d}X}\ln\Lambda_{Z^k} = -\sum_{j=0}^{k} F_j^T(X)R_j^{-1}f_j(X) \tag{4.3.7}$$

若记 $f_{jl}(X)$ 的 Hessel 的矩阵为

$$F_{jl}(X) = \frac{\mathrm{d}f_{jl}^2(X)}{\mathrm{d}X^2} \quad (j = 1,2,\cdots,k; l = 1,2,\cdots,m) \tag{4.3.8}$$

对式（4.3.8）求导可得

$$\frac{\mathrm{d}}{\mathrm{d}X}\ln\Lambda_{Z^k} = -\sum_{j=0}^{k} F_j^T(X)R_j^{-1}F_j(X) - \sum_{j=0}^{k}\sum_{l=1}^{m}\frac{1}{\sigma_{jl}^2}F_{jl}(X)T_{jl}(X) \tag{4.3.9}$$

对式（4.3.9）取均值，并代入式（4.3.1）可得：

$$\mathrm{CRLB} = -E\left[\frac{\mathrm{d}^2}{\mathrm{d}X^2}\ln\Lambda_{Z^k}\right]^{-1} = \left[\sum_{j=0}^{k} F_j^T(X)R_j^{-1}F_j(X)\right]^{-1} \tag{4.3.10}$$

$\sum\limits_{j=0}^{k} F_j^T(X)R_j^{-1}F_j(X)$ 又称为 Fisher 信息矩阵（FIM），即此时

$$\mathbf{CRLB = (FIM)}^{-1} \tag{4.3.11}$$

不考虑系统噪声时，线性状态方程为

$$X_{j+1} = \Phi_{j+1,j}X_j \tag{4.3.12}$$

则对任一时刻的状态 X_i，可表示为

$$X_j = \Phi_{j,i} X_i \tag{4.3.13}$$

定义

$$H_j(X_j) = \frac{\mathrm{d}h_j(X_j)}{\mathrm{d}X_j} \ (\ j = 0,1,2,\cdots,k) \tag{4.3.14}$$

则

$$F_i = \frac{\mathrm{d}f_j(X_j)}{\mathrm{d}X_i} = \frac{\mathrm{d}(Z_j - h_j(X_j))}{\mathrm{d}X_i} = \frac{\mathrm{d}h_j(X_j)}{\mathrm{d}X_j}\frac{\mathrm{d}X_j}{\mathrm{d}X_i} = \frac{\mathrm{d}h_j(X_j)}{\mathrm{d}X_j}\Phi_{j,i} = H_j(X_j)\Phi_{j,i} \tag{4.3.15}$$

把式（4.3.15）代入式（4.3.11），有下式成立

$$\mathrm{CRLB}(i) = \mathrm{FIM}(i)^{-1} = \left\{ \sum_{j=0}^{k} \left[H_j(X_j)\Phi_{j,i} \right]^{\mathrm{T}} R_j^{-1} \left[H_j(X_j)\Phi_{j,i} \right] \right\}^{-1} \tag{4.3.16}$$

式（4.3.16）可以有效地评价基于测量集 $Z^k = \{z_j, j = 0,1,2,\cdots,k\}$ 的状态 $X_i (0 \leqslant i \leqslant k)$ 的估计误差下限。

利用 EKF 算法的递推公式可以计算出观测站每次观测时的 CRLB，即

$$P_{k|k}'^{-1} = P_{k|k-1}'^{-1} + H_k^{\mathrm{T}}(X_k) R_k^{-1} H_k(X_k) \tag{4.3.17}$$

$$P_{k|k-1}'^{-1} = \Phi_{k,k-1}^{-\mathrm{T}} P_{k-1|k-1}'^{-1} \Phi_{k,k-1}^{-1} \tag{4.3.18}$$

初始条件为

$$P_{0|0}'^{-1} = \begin{cases} 0 & （没有任何先验信息）\\ P_0'^{-1} & （其他） \end{cases}$$

此时

$$\mathrm{CRLB}(k) = P_{k|k}' \tag{4.3.19}$$

这里需要指出的是，式（4.3.16）中 $H_j(X_j)$ 是在真实点 X_j 处计算的，所以 $\mathrm{CRLB}(k)$ 是 EKF 跟踪误差的下限。

4.3.2 单站纯距离测量模型 CRLB 计算

由式（3.2.1）、式（3.2.2）可知，到 k 时刻，纯距离系统的理想误差估计下限 CRLB 为[197]：

$$\mathrm{CRLB} = \mathrm{FIM}^{-1} = \left[\sum_{j=0}^{k} H_j^{\mathrm{T}}(X) R_j^{-1} H_j(X) \right]^{-1} \tag{4.3.20}$$

式中

$$H_j = \frac{\partial h_j}{\partial X} = \begin{bmatrix} \dfrac{x_j}{r_j} & \dfrac{y_j}{r_j} & \dfrac{x_j \cdot jT}{r_j} & \dfrac{y_j \cdot jT}{r_j} \end{bmatrix} \tag{4.3.21}$$

$x_j = x - x_s, y_j = y - y_s$，$x, y$ 分别表示目标的横坐标、纵坐标；x_s, y_s 分别表示观测站的横坐标、纵坐标。

将式（4.3.21）代入式（4.3.20）可得 i 时刻状态 $X(i)$ 的理想估计误差下限 $\mathrm{CRLB}_{X(i)}$ 为：

$$\mathrm{CRLB}_{X(i)} = \mathrm{FIM}(i)^{-1} = \left[\sum_{j=0}^{k} (H_j(X_j)\Phi_{j,i})^{\mathrm{T}} R_j^{-1} (H_j(X_j)\Phi_{j,i}) \right]^{-1}$$

$$= \sum_{j=0}^{k} R_j^{-1} \begin{bmatrix} \dfrac{x_j^2}{r_j^2} & \dfrac{x_j \cdot y_j}{r_j^2} & \dfrac{(j-i)T \cdot x_j^2}{r_j^2} & \dfrac{(j-i)T \cdot x_j \cdot y_j}{r_j^2} \\[3mm] \dfrac{x_j \cdot y_j}{r_j^2} & \dfrac{y_j^2}{r_j^2} & \dfrac{(j-i)T \cdot x_j \cdot y_j}{r_j^2} & \dfrac{(j-i)T \cdot y_j^2}{r_j^2} \\[3mm] \dfrac{(j-i)T \cdot x_j^2}{r_j^2} & \dfrac{(j-i)T \cdot x_j \cdot y_j}{r_j^2} & \dfrac{(j-i)^2 T^2 \cdot x_j^2}{r_j^2} & \dfrac{(j-i)^2 T^2 \cdot x_j \cdot y_j}{r_j^2} \\[3mm] \dfrac{(j-i)T \cdot x_j \cdot y_j}{r_j^2} & \dfrac{(j-i)T \cdot y_j^2}{r_j^2} & \dfrac{(j-i)^2 T^2 \cdot x_j \cdot y_j}{r_j^2} & \dfrac{(j-i)^2 T^2 \cdot y_j^2}{r_j^2} \end{bmatrix}$$

$$\tag{4.3.22}$$

则目标初始状态 $X(0)$ 的理想估计误差下限为：

$$\mathrm{CRLB}_{X(0)} = \mathrm{FIM}(0)^{-1}$$

$$= \sum_{j=0}^{k} R_j^{-1} \begin{bmatrix} \dfrac{x_j^2}{r_j^2} & \dfrac{x_j \cdot y_j}{r_j^2} & \dfrac{jT \cdot x_j^2}{r_j^2} & \dfrac{jT \cdot x_j \cdot y_j}{r_j^2} \\[3mm] \dfrac{x_j \cdot y_j}{r_j^2} & \dfrac{y_j^2}{r_j^2} & \dfrac{jT \cdot x_j \cdot y_j}{r_j^2} & \dfrac{jT \cdot y_j^2}{r_j^2} \\[3mm] \dfrac{jT \cdot x_j^2}{r_j^2} & \dfrac{jT \cdot x_j \cdot y_j}{r_j^2} & \dfrac{j^2 T^2 \cdot x_j^2}{r_j^2} & \dfrac{j^2 T^2 \cdot x_j \cdot y_j}{r_j^2} \\[3mm] \dfrac{jT \cdot x_j \cdot y_j}{r_j^2} & \dfrac{jT \cdot y_j^2}{r_j^2} & \dfrac{j^2 T^2 \cdot x_j \cdot y_j}{r_j^2} & \dfrac{j^2 T^2 \cdot y_j^2}{r_j^2} \end{bmatrix} \tag{4.3.23}$$

4.4 观测站机动航路优化研究

4.4.1 航路优化问题的提出

对于静止目标，到 k 时刻，定位误差的误差下限

$$\mathrm{CRLB}_{X(0)} = \mathrm{FIM}(0)^{-1} = [\sum_{j=0}^{k} H_j^{\mathrm{T}}(X) R_j^{-1} H_j(X)]^{-1}$$

$$= \sum_{j=0}^{k} R_j^{-1} \begin{bmatrix} \dfrac{x_j^2}{r_j^2} & \dfrac{x_j y_j}{r_j^2} \\[2mm] \dfrac{x_j y_j}{r_j^2} & \dfrac{y_j^2}{r_j^2} \end{bmatrix} \qquad (4.4.1)$$

式中

$$r_j = \sqrt{x_j^2 + y_j^2} = \sqrt{(x_s - x)^2 + (y_s - y)^2} \ \ (j = 1, 2, 3, \cdots, k) \qquad (4.4.2)$$

$$x_s = \sum_{i=0}^{k} iT \cdot v(i) \sin k_s(i) , \quad y_s = \sum_{i=0}^{k} iT \cdot v(i) \cos k_s(i) \ \ (i = 1, 2, 3, \cdots, k) \qquad (4.4.3)$$

式中，$v(i)$ 表示 i 时刻观测站的速度；$k_s(i)$ 表示 i 时刻观测站的航向。

采用 EKF 的形式计算第 i 时刻的理想估计误差下限为

$$P_{k|k}^{-1} = P_{k-1|k-1}^{-1} + H_k^{\mathrm{T}}(X_k) R_k^{-1} H_k(X_k) \qquad (4.4.4)$$

初始条件为

$$P_{0|0}^{-1} = \begin{cases} 0 & （没有任何先验信息） \\ P_0^{-1} & （其他） \end{cases} \qquad (4.4.5)$$

所以

$$\mathrm{CRLB}(k) = P_{k|k} \qquad (4.4.6)$$

综上可知：每一个 CRLB(k) 与观测站的位置坐标有关，而观测站的位置坐标，又与其自身航向和速度有关。为满足实际战术中"隐蔽性"的需要，一般情况下观测站的速度限制比较大，所以本节是在假设观测站不改变运动速度大小的前提下开展机动航路优化问题研究的，这样单观测站的机动航路问题就只需要考虑观测站的航向问题即可。

采用定位精度的几何解释 GDOP 作为评价航路优化的性能指标,求解 GDOP 的计算公式如下:

$$\text{GDOP}(k) = \sqrt{\text{trace}(\text{CRLB}(k))} = \sqrt{\text{trace}(P_{k|k})} \tag{4.4.7}$$

由上式可以看出,GDOP 就是理想估计误差下限 CRKB 的迹的函数。

综上所述,单站机动航路优化问题可以描述为:如何确定观测站的航向,使得 GDOP 达到最小。目标函数可记为:

$$J = \text{GDOP}(k) \to \min \tag{4.4.8}$$

需要说明的是,本节是在假设观测站与目标的运动参数已知的前提下,采用 GDOP 为性能指标对单观测站的机动优化航路展开研究,而在实际应用中,目标的运动参数是不可能知道的,如何求解目标的运动参数正是第 3 章的主要研究内容,两者之间形成了悖论。但是通过研究观测站与目标的运动参数已知情况下的优化航路,可以在制定实际航路时进行参考和类比,具有一定的实际工程意义。

4.4.2　匀速直线一次转向机动优化航路

4.4.2.1　转向角度对定位精度的影响

假设目标静止,位置坐标为 (4000m,6000m),观测站初始位置 (2000m,2000m),测量时间间隔为 1s,共进行 100 次观测,测距误差服从均值为 0、均方差为 100m 的高斯白噪声。对以下 4 种不同机动航路的仿真试验,观测站机动航路如图 4-2 所示,仿真试验结果如图 4-5 所示。

仿真态势 1:观测站转向 15°

航路 1:观测站做匀速直线运动,$v = 16\text{m/s}$,初始航向角 $K_{w1} = \pi/6$,50s 后观测站进行一次转向,以航向角 $K_{w2} = \pi/4$ 继续做匀速直线运动,速度大小不变。

仿真态势 2:观测站转向 60°

航路 2:观测站做匀速直线运动,$v = 16\text{m/s}$,初始航向角 $K_{w1} = \pi/6$,50s 后观测站进行一次转向,以航向角 $K_{w2} = \pi/2$ 继续做匀速直线运动,速度大小不变。

仿真态势 3:观测站顺时针转向 90°

航路 3:观测站做匀速直线运动,$v = 16\text{m/s}$,初始航向角 $K_{w1} = \pi/6$,50s 后观测站进行一次转向,以航向角 $K_{w2} = 2\pi/3$ 继续做匀速直线运动,速度大小不变。

仿真态势 4：观测站逆时针转向 90°

航路 4：观测站做匀速直线运动，$v=16\text{m/s}$，初始航向角 $K_{w1}=\pi/6$，50s 后观测站进行一次转向，以航向角 $K_{w2}=-\pi/3$ 继续做匀速直线运动，速度大小不变。

由图 4-5 可知，观测站转向前，GDOP 值是不断升高的，当观测站进行转向后，GDOP 值迅速开始下降，进一步验证了 2.3 节中"单观测站必须进行机动转向才可观测"的结论。当转向角度为 90°时，GDOP 值下降明显较快且最后趋于稳定的值较低，说明匀速直线运动的观测站进行一次转向时，转向角度为 90°时，目标定位精度最佳。比较航路 3、航路 4 的 GDOP 值可知，观测站转向方向对目标定位精度几乎没有影响，仅转向角度的大小会对目标定位精度产生影响。与 4.2 节结论一致。

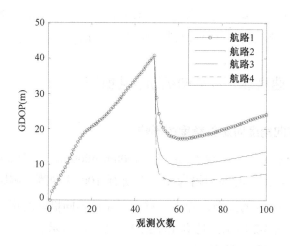

图 4-5　不同机动航路下的 GDOP 值

4.4.2.2　初始航向角对定位精度的影响

假设目标静止，位置坐标为 (4000m,6000m)，观测站初始位置 (2000m,2000m)，测量时间间隔为 1s，共进行 100 次观测，测距误差服从均值为 0、均方差为 100m 的高斯白噪声。对以下 3 种初始航向角不同、但一次转向角度均为 90°的机动航路进行仿真试验，观测站不同机动航路如图 4-6 所示，仿真结果如图 4-7 所示。

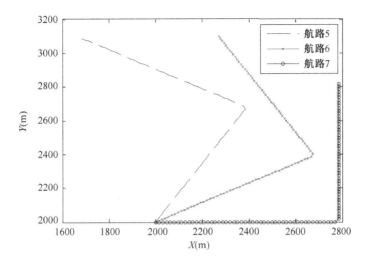

图 4-6　观测站不同机动航路

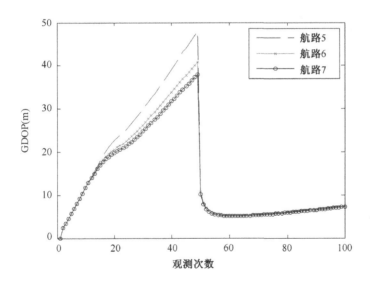

图 4-7　不同机动航路下的 GDOP 值

仿真态势 5：初始航向角 30°

航路 5：观测站做匀速直线运动，$v = 16\text{m/s}$，初始航向角 $K_{w1} = \pi/6$，50s 后观测站进行一次转向，以航向角 $K_{w2} = -\pi/3$ 继续做匀速直线运动，速度大小不变。

仿真态势 6：初始航向角 60°

航路 6：观测站做匀速直线运动，$v = 16\text{m/s}$，初始航向角 $K_{w1} = \pi/3$，50s 后

观测站进行一次转向，以航向角 $K_{w2} = -\pi/6$ 继续做匀速直线运动，速度大小不变。

仿真态势 7：初始航向角 90°

航路 7： 观测站做匀速直线运动，$v = 16\text{m/s}$，初始航向角 $K_{w1} = \pi/2$，50s 后观测站进行一次转向，以航向角 $K_{w2} = 0\pi$ 继续做匀速直线运动，速度大小不变。

仿真结果表明：观测站匀速直线一次转向机动时的初始航向角，对转向机动后目标定位跟踪精度几乎没有影响，定位精度只跟观测站机动转向的角度有关。

4.4.3 匀速转弯机动优化航路

仿真态势 8：目标静止、观测站匀速转弯机动

假设目标静止，位置坐标为 (4000m, 6000m)，观测站初始位置为 (2000m, 2000m)，测量时间间隔为 1s，共进行 100 次观测，测距误差服从均值为 0、均方差为 100m 的高斯白噪声。对以下 2 种不同机动航路进行仿真试验，观测站不同机动航路如图 4-8 所示，仿真结果如图 4-9 所示。

航路 8： 观测站做匀速转弯运动，$v = 16\text{m/s}$，转弯率 $\varepsilon_1 = 0.08$。

航路 9： 观测站做匀速转弯运动，$v = 16\text{m/s}$，转弯率 $\varepsilon_2 = 0.008$。

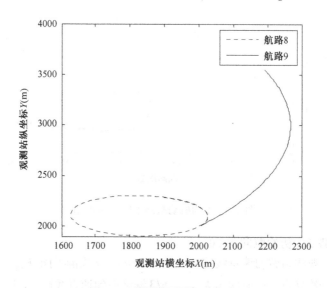

图 4-8 观测站不同机动航路

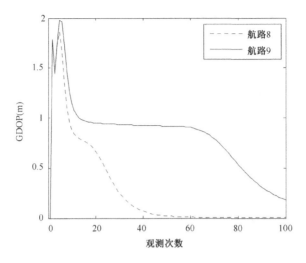

图 4-9 目标静止时不同机动航路下的 GDOP 值

由图 4-9 可知,转弯率大的观测站机动航路的 GDOP 值下降明显较快,且最后趋于稳定的值较低,说明当观测站匀速转弯机动时,大转弯率比小转弯率的航路定位跟踪精度要高。

比较图 4-7、图 4-9 可知,同样观测条件下,同一观测时刻的匀速转弯机动观测站的 GDOP(k) 值比一次转向机动观测站的 GDOP(k) 值明显较小,且最后匀速转弯机动观测站的 GDOP(k) 值收敛于零,说明匀速转弯机动航路优于匀速直线一次转向机动。

由图 4-9 可知,当观测站转弯率较小时,在固定的观测时间内,观测站运动轨迹是一段弧线,转弯率越小,弧线越接近于直线,由 2.3 节结论可知,此时可观测性比较差,这与图 4-9 所示仿真结果一致。针对这种情况,可以在不改变观测次数的情况下,适当延长观测时间间隔,增大观测站的位置变化率,如航路 10 所述。

航路 10: 观测站做匀速转弯运动,$v = 16\text{m/s}$,转弯率 $\varepsilon_3 = 0.008$,测量时间间隔为 $\Delta T = 10\text{s}$,其他条件不变。仿真结果如图 4-10 所示。

由图 4-10 可知,在保持观测次数不变的情况下,适当延长观测时间间隔,虽然在观测前期,GDOP 值较高,但随着观测次数的增加,GDOP 值迅速下降且最后趋于稳定。

仿真态势 9:目标匀速直线运动、观测站匀速转弯机动

假设目标做匀速直线运动,初始位置坐标为 $(4000\text{m}, 6000\text{m})$,速度为 $(10\text{m/s}, 10\text{m/s})$,其余仿真条件同态势 1。航路 8 与航路 9 的 GDOP 值比较如图 4-11 所示;航路 9 与航路 10 的 GDOP 值比较如图 4-12 所示。

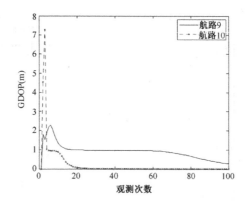

图 4-10   目标静止时不同机动航路下的 GDOP 值

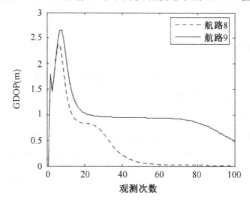

图 4-11   目标匀速直线运动时不同机动航路下的 GDOP 值

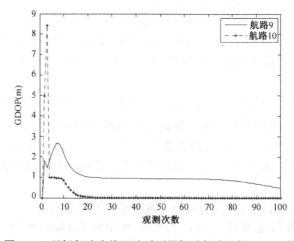

图 4-12   目标匀速直线运动时不同机动航路下的 GDOP 值

由图 4-11 可知，当观测站匀速转弯机动时，大转弯率比小转弯率的定位跟踪精度要高；由图 4-12 可知，在保持观测次数不变的情况下，通过适当延长观测时间间隔，增大观测站的位置变化率，可以提高目标定位跟踪精度；与仿真态势 1 中目标静止、观测站匀速转弯机动时的结论一致。

综上仿真结果表明，观测站航路机动对目标定位精度有很大影响，可以选择适当的机动航路改善目标定位精度。

4.5　航路优化的方法

4.4 节是在已知目标具体位置信息的前提下，以 GDOP 为性能评价指标，采用数值计算与仿真试验相结合的方法分析了影响定位精度的因素，结果表明观测站航路机动是影响目标定位精度的重要因素，因此，优化观测站的航路轨迹是提高定位精度的有效方法。但是在实际应用中，目标的运动状态信息是未知的，针对这个问题，本节采用边跟踪边优化的思想，以 $\text{GDOP}(k)_{\min}$ 为优化目标函数，结合目标状态估计算法，以单步递推方法计算得到优化航路的方法。

假设静止目标位置坐标为 (x, y)，观测站 k 时刻位置坐标为 (x_{sk}, y_{sk})，$k = 1, 2, \cdots, n$，则 k 时刻量测距离为：

$$r_k = \sqrt{(x_{sk} - x)^2 + (y_{sk} - y)^2} = \sqrt{x_k^2 + y_k^2} \tag{4.5.1}$$

状态估计协方差矩阵的递推方程为：

$$\boldsymbol{P}^{-1}(k/k) = \boldsymbol{P}^{-1}(k/k-1) + \boldsymbol{H}^{\mathrm{T}}(k)\boldsymbol{R}^{-1}(k)\boldsymbol{H}(k) \tag{4.5.2}$$

式中，$\boldsymbol{R}_k$ 为 $r(k)$ 的方差；$\boldsymbol{H}(k)$ 为式（4.4.9）的 Jacobian 矩阵，且

$$\boldsymbol{H}(k) = \begin{bmatrix} \dfrac{x_k}{r_k} & \dfrac{y_k}{r_k} \end{bmatrix} \tag{4.5.3}$$

式（4.5.2）中 $\boldsymbol{P}(k/k-1)$ 是正定矩阵，由正定矩阵酉相似于对角矩阵的特性可知，存在正定的酉矩阵 $\boldsymbol{U}$，使得下式成立：

$$\boldsymbol{P}(k/k-1) = \boldsymbol{U}^{-1} \begin{bmatrix} \sigma_1^2 & 0 \\ 0 & \sigma_2^2 \end{bmatrix} \boldsymbol{U} \tag{4.5.4}$$

根据酉矩阵 $\boldsymbol{U}$ 变换旋转原来的二维坐标系，得到新二维坐标系 $X'O'Y'$，目标的新状态变量 $\boldsymbol{X}' = (x_k', y_k')^{\mathrm{T}}$，预测量的协方差矩阵为：

$$\boldsymbol{P}'(k/k-1) = \text{diag}(\sigma_1^2 \quad \sigma_2^2) \tag{4.5.5}$$

坐标旋转变换并不改变目标与观测站之间的距离，此时 $r_k' = r_k$，但是新的方位角发生变化 $\beta_k' = \tan(x_k'/y_k')$。

新坐标系下的状态协方差的递推方程为：

$$\boldsymbol{P}'^{-1}(k/k) = \boldsymbol{P}'^{-1}(k/k-1) + \boldsymbol{H}'^{\mathrm{T}}(k)R^{-1}(k)\boldsymbol{H}'(k) \tag{4.5.6}$$

式中

$$\boldsymbol{H}(k) = \begin{bmatrix} \dfrac{x'_k}{r_k} & \dfrac{y'_k}{r_k} \end{bmatrix} \tag{4.5.7}$$

将式（4.5.5）和式（4.5.7）代入式（4.5.6）可得：

$$\boldsymbol{P}'^{-1}(k/k) = \begin{bmatrix} \dfrac{1}{\sigma_1^2} + \dfrac{x_k'^2}{\sigma^2 r_k^2} & \dfrac{x'_k y'_k}{\sigma^2 r_k^2} \\[3mm] \dfrac{x'_k y'_k}{\sigma^2 r_k^2} & \dfrac{1}{\sigma_2^2} + \dfrac{y_k'^2}{\sigma^2 r_k^2} \end{bmatrix} \tag{4.5.8}$$

根据酉矩阵 $\boldsymbol{U}$ 经过反方向坐标旋转，由 $\boldsymbol{P}'(k/k)$ 得到 $\boldsymbol{P}(k/k)$，因酉变换不改变矩阵的迹，所以有：

$$\mathrm{GDOP}(k)^2 = \mathrm{trace}(\boldsymbol{P}(k/k)) = \mathrm{trace}(\boldsymbol{P}'(k/k)) \tag{4.5.9}$$

由式（4.5.8）可得：

$$\boldsymbol{P}'(k/k) = \dfrac{\sigma_1^2 \sigma_2^2 \sigma^2 r^2}{\sigma^2 r^2 + \sigma_2^2 y_k'^2 + \sigma_1^2 x_k'^2} \begin{bmatrix} \dfrac{1}{\sigma_2^2} + \dfrac{y_k'^2}{\sigma^2 r^2} & -\dfrac{x'_k y'_k}{\sigma^2 r^2} \\[3mm] -\dfrac{x'_k y'_k}{\sigma^2 r^2} & \dfrac{1}{\sigma_1^2} + \dfrac{x_k'^2}{\sigma^2 r^2} \end{bmatrix} \tag{4.5.10}$$

则式（4.5.9）可写为：

$$
\begin{aligned}
\mathrm{GDOP}(k)^2 &= \dfrac{\sigma_1^2 \sigma_2^2 \sigma^2 r_k^2}{\sigma^2 r_k^2 + \sigma_2^2 y_k'^2 + \sigma_1^2 x_k'^2} \cdot \left(\dfrac{1}{\sigma_2^2} + \dfrac{y_k'^2}{\sigma^2 r_k^2} + \dfrac{1}{\sigma_1^2} + \dfrac{x_k'^2}{\sigma^2 r_k^2} \right) \\[2mm]
&= \dfrac{\sigma^2 \sigma_1^2 r_k^2 + \sigma^2 \sigma_2^2 r_k^2 + \sigma_1^2 \sigma_2^2 r_k^2}{\sigma^2 r_k^2 + \sigma_2^2 y_k'^2 + \sigma_1^2 x_k'^2} \\[2mm]
&= \dfrac{\sigma^2 \sigma_1^2 + \sigma^2 \sigma_2^2 + \sigma_1^2 \sigma_2^2}{\sigma^2 + \dfrac{\sigma_2^2 y_k'^2}{r_k^2} + \dfrac{\sigma_1^2 x_k'^2}{r_k^2}} \\[2mm]
&= \dfrac{\sigma^2 \sigma_1^2 + \sigma^2 \sigma_2^2 + \sigma_1^2 \sigma_2^2}{\sigma^2 + \dfrac{1}{r_k^2}(\sigma_2^2 y_k'^2 + \sigma_1^2 y_k'^2 - \sigma_1^2 y_k'^2 + \sigma_1^2 x_k'^2)} \\[2mm]
&= \dfrac{\sigma^2 \sigma_1^2 + \sigma^2 \sigma_2^2 + \sigma_1^2 \sigma_2^2}{\sigma^2 + \sigma_1^2 + (\sigma_2^2 - \sigma_1^2)\dfrac{y_k'^2}{r_k^2}} \\[2mm]
&= \dfrac{\sigma^2 \sigma_1^2 + \sigma^2 \sigma_2^2 + \sigma_1^2 \sigma_2^2}{\sigma^2 + \sigma_1^2 + (\sigma_2^2 - \sigma_1^2)\cos^2(\beta'(k))}
\end{aligned} \tag{4.5.11}
$$

第 5 章

多站纯距离系统可观测性分析

5.1 引言

前几章的研究主要是针对单一观测站展开的，结论表明，对于静止目标，非径向运动的单观测站必须进行机动转向才可观测，对于匀速直线运动目标，单观测站必须进行高于目标一阶的机动才可观测，而且不同的机动航路对定位精度的影响也比较大。因此，在观测站自身机动能力受限或隐蔽条件约束的情况下，仅依靠单观测站实现对目标的精确定位与跟踪难度比较大，采用多站协同方式对目标进行定位与跟踪，可以消除因观测站机动而带来的暴露。本章主要研究多站纯距离系统的可观测性条件。

5.2 多站纯距离系统的数学描述及可观测性定义

5.2.1 直角坐标系下的系统描述

假设有 n 个观测站，站址坐标分别为 $(x_{si}, y_{si})^{\mathrm{T}}, i = 1, 2, \cdots, n$；目标静止，位置坐标为 $(x, y)^{\mathrm{T}}$；r_i 为目标与第 i 个观测站之间的距离；d_i 为第 i 个观测站与坐标

原点的距离；r 为目标与坐标原点的距离。以正北为 Y 轴，正东为 X 轴，建立直角坐标系，如图 5-1 所示。

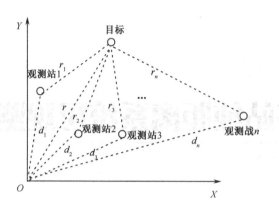

图 5-1 多站纯距离系统几何说明

5.2.2 多站纯距离系统可观测性的定义

由 5.2.1 节所描述系统的条件，可列如下定位方程组：

$$\begin{cases} (x_{s1}-x)^2 + (y_{s1}-y)^2 = r_1^2 \\ (x_{s2}-x)^2 + (y_{s2}-y)^2 = r_2^2 \\ \quad\vdots \\ (x_{sn}-x)^2 + (y_{sn}-y)^2 = r_n^2 \end{cases} \tag{5.2.1}$$

$$\begin{cases} x_{s1}^2 + y_{s1}^2 = d_1^2 \\ x_{s2}^2 + y_{s2}^2 = d_2^2 \\ \quad\vdots \\ x_{sn}^2 + y_{sn}^2 = d_n^2 \end{cases} \tag{5.2.2}$$

$$x^2 + y^2 = r^2 \tag{5.2.3}$$

上述方程组中 $x_{si}, y_{si}, d_i, r_i \ (i=1,2,\cdots,n)$ 的值是已知的，x_{si}, y_{si} 分别表示各观测站位置的横坐标和纵坐标值，可由各观测站的站址坐标直接获得；d_i 表示观测站与原点之间的距离，可通过各观测站站址坐标计算得到，r_i 表示观测站与目标之间的距离，可由各观测站实时测量得到。因此，方程组中只有目标位置坐标 $(x,y)^{\mathrm{T}}$ 及目标与原点之间的距离 r 是未知数，为消除未知数，将式（5.2.1）～式（5.2.3）所示方程组联立化简可得：

$$\begin{cases}
(x_{s2} - x_{s1})x + (y_{s2} - y_{s1})y = \dfrac{1}{2}[(r_1^2 - r_2^2) - (d_1^2 - d_2^2)] \\[2mm]
(x_{s3} - x_{s1})x + (y_{s3} - y_{s1})y = \dfrac{1}{2}[(r_1^2 - r_3^2) - (d_1^2 - d_3^2)] \\[1mm]
\vdots \\[1mm]
(x_{sn} - x_{s1})x + (y_{sn} - y_{s1})y = \dfrac{1}{2}[(r_1^2 - r_n^2) - (d_1^2 - d_n^2)] \\[2mm]
(x_{s3} - x_{s2})x + (y_{s3} - y_{s2})y = \dfrac{1}{2}[(r_2^2 - r_3^2) - (d_2^2 - d_3^2)] \\[1mm]
\vdots \\[1mm]
(x_{sn} - x_{s2})x + (y_{sn} - y_{s2})y = \dfrac{1}{2}[(r_2^2 - r_n^2) - (d_2^2 - d_n^2)] \\[1mm]
\vdots \\[1mm]
(x_{sn} - x_{s,n-1})x + (y_{sn} - y_{s,n-1})y = \dfrac{1}{2}[(r_{n-1}^2 - r_n^2) - (d_{n-1}^2 - d_n^2)]
\end{cases} \tag{5.2.4}$$

该方程组可记为 $\boldsymbol{AX} = \boldsymbol{B}$，式中

$$\boldsymbol{A} = \begin{bmatrix}
x_{s2} - x_{s1} & y_{s2} - y_{s1} \\
x_{s3} - x_{s1} & y_{s3} - y_{s1} \\
\vdots & \vdots \\
x_{sn} - x_{s1} & y_{sn} - y_{s1} \\
x_{s3} - x_{s2} & y_{s3} - y_{s2} \\
\vdots & \vdots \\
x_{sn} - x_{s2} & y_{sn} - y_{s2} \\
\vdots & \vdots \\
x_{sn} - x_{s,n-1} & y_{sn} - y_{s,n-1}
\end{bmatrix}; \quad
\boldsymbol{B} = \frac{1}{2} \begin{bmatrix}
(r_1^2 - r_2^2) - (d_1^2 - d_2^2) \\
(r_1^2 - r_3^2) - (d_1^2 - d_3^2) \\
\vdots \\
(r_1^2 - r_n^2) - (d_1^2 - d_n^2) \\
(r_2^2 - r_3^2) - (d_2^2 - d_3^2) \\
\vdots \\
(r_2^2 - r_n^2) - (d_2^2 - d_n^2) \\
\vdots \\
(r_{n-1}^2 - r_n^2) - (d_{n-1}^2 - d_n^2)
\end{bmatrix} \tag{5.2.5}$$

若系数矩阵 $\boldsymbol{A}$ 满秩，则可由伪逆法求出目标位置矢量，即

$$\boldsymbol{X} = \boldsymbol{A} - \boldsymbol{B} = (\boldsymbol{A}^{\mathrm{T}} \boldsymbol{A})^{-1} \boldsymbol{A}^{\mathrm{T}} \boldsymbol{B} \tag{5.2.6}$$

多站纯距离系统的可观测性定义与单站纯距离系统的可观测性定义一样，当目标运动状态向量有唯一解时，系统可观测。

5.3　多站纯距离系统可观测性分析

5.3.1　可观测性分析

由 5.2 节可知，系数矩阵 $\boldsymbol{A}$ 是否满秩是决定多站纯距离系统是否可观测的重

要条件，下面研究影响系数矩阵 A 是否满秩的主要因素[198]。

1. 与观测站数量之间的关系

由式（5.2.5）可知，当观测站数量≥3 时，系数矩阵 A 才有可能满秩。若只有两个观测站，则系数矩阵 $A = [x_{s2} - x_{s1} \quad y_{s2} - y_{s1}]$，此时 $\mathrm{rank}(A) = 1$，不能实现目标定位。

特殊情形：当只有两个观测站时，若目标在观测站连线上，则系统可观测。其定位几何说明如图 5-2 所示。

证明：由式（5.2.4）可知，只有两个观测站时的观测方程如下：

$$(x_{s2} - x_{s1})x + (y_{s2} - y_{s1})y = \frac{1}{2}[(r_1^2 - r_2^2) - (d_1^2 - d_2^2)] \tag{5.3.1}$$

当目标与两个观测站在同一条直线上时，有下式成立：

$$\frac{y_{s2} - y_{s1}}{x_{s2} - x_{s1}} = \frac{y}{x} = a \tag{5.3.2}$$

式中，a（直线斜率）为一常数。

将式（5.3.2）代入观测式（5.3.1），解得：

$$\begin{cases} x = \dfrac{[(r_1^2 - r_2^2) - (d_1^2 - d_2^2)]}{2[(x_{s2} - x_{s1}) + a(y_{s2} - y_{s1})]} \\ y = \dfrac{a[(r_1^2 - r_2^2) - (d_1^2 - d_2^2)]}{2[(x_{s2} - x_{s1}) + a(y_{s2} - y_{s1})]} \end{cases} \tag{5.3.3}$$

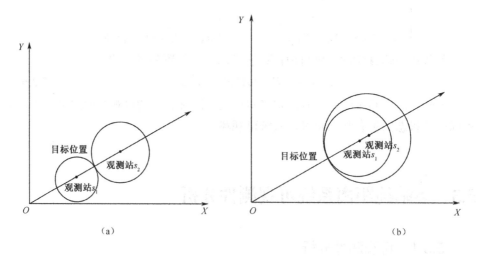

（a）　　　　　　　　　　　　（b）

图 5-2　目标定位几何说明（一）

结论 1：观测站数量≥3 只是系统可观测的必要条件；若只有两个观测站，系统一般不可观测，但若观测站与目标共线时，系统可观测。

2. 与观测站站址布局之间的关系

由式（5.2.5）可知，矩阵 A 是 $n(n-1)/2$ 行 2 列的矩阵，且矩阵中的后 $(n-2)(n-1)/2$ 行可由前 $n-1$ 行线性表示，而前 $n-1$ 行元素由观测站站址坐标决定，体现了各观测站站址布局之间的关系，因此系数矩阵 A 是否满秩，与 n 个观测站的站址布局几何关系有关。

假设有 $n(n\geq3)$ 个观测站：

（1）至少有 3 站不共线时，由式（5.2.5）可知，此时 $\mathrm{rank}(A)=2$，观测方程有解，即系统可观测。

（2）当所有观测站共线时，有下式成立：

$$\frac{y_{s2}-y_{s1}}{x_{s2}-x_{s1}}=\cdots\frac{y_{sn}-y_{s1}}{x_{sn}-x_{s1}}=\cdots\frac{y_{sn}-y_{sn-1}}{x_{sn}-x_{sn-1}}=a \tag{5.3.4}$$

式中，a（直线斜率）为一常数。

将式（5.3.4）代入式（5.2.5）可得：

$$A=[x_{s2}-x_{s1}\quad y_{s2}-y_{s1}] \tag{5.3.5}$$

此时 $\mathrm{rank}(A)=1$，观测方程无解，即系统不可观测。

特殊情形：若此时目标在观测站连线上，则目标可观测。现以三站为例，目标定位几何说明如图 5-3 所示。

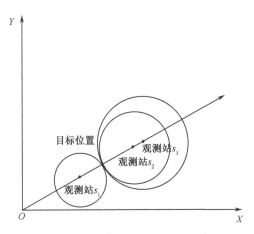

图 5-3　目标定位几何说明（二）

证明：由式（5.2.4）可得三站纯距离系统的观测方程组：

$$\begin{cases} (x_{s2} - x_{s1})x + (y_{s2} - y_{s1})y = \dfrac{1}{2}[(r_1^2 - r_2^2) - (d_1^2 - d_2^2)] \\ (x_{s3} - x_{s1})x + (y_{s3} - y_{s1})y = \dfrac{1}{2}[(r_1^2 - r_3^2) - (d_1^2 - d_3^2)] \end{cases} \qquad (5.3.6)$$

当三站共线时，有 $\dfrac{y_{s2} - y_{s1}}{x_{s2} - x_{s1}} = \dfrac{y_{s3} - y_{s1}}{x_{s3} - x_{s1}} = a$ ， a （直线斜率）为一常数，则式 (5.3.6) 实际为一个方程，即

$$(x_{s2} - x_{s1})x + (y_{s2} - y_{s1})y = \frac{1}{2}[(r_1^2 - r_2^2) - (d_1^2 - d_2^2)] \qquad (5.3.7)$$

因为目标也在该条直线上，即 $\dfrac{y}{x} = a$ ，代入式（5.3.7）可解得静止目标位置坐标：

$$\begin{cases} x = \dfrac{[(r_1^2 - r_2^2) - (d_1^2 - d_2^2)]}{2[(x_{s2} - x_{s1}) + a(y_{s2} - y_{s1})]} \\ y = \dfrac{a[(r_1^2 - r_2^2) - (d_1^2 - d_2^2)]}{2[(x_{s2} - x_{s1}) + a(y_{s2} - y_{s1})]} \end{cases} \qquad (5.3.8)$$

结论2：观测站数量≥3 且至少有 3 站不共线时，系统可观测；若所有观测站共线时，系统不可观测，但若目标也与观测站共线时，系统可观测。

3. 与测量误差之间的关系

由式（5.2.5）、式（5.2.6）可知，方程组 $\boldsymbol{AX} = \boldsymbol{B}$ 是否有解还与矩阵 $\boldsymbol{B}$ 有关。当观测站量测距离的误差比较大且足以导致 $\boldsymbol{B} = 0$ 时，由式（5.2.6）可知方程组无解，系统不可观测。

上述分析是通过求解定位方程组的过程来讨论目标定位的可实现性问题，也可以利用几何分析方法说明距离测量值误差对定位可实现性的影响。

以三个观测站为例，通过各观测站测距，可以得到三个分别以各站址为原点、量测距离为半径的定位圆，三圆相交实现对目标的定位。若观测站 s_1, s_2 测距误差比较大，导致两定位圆无相交点，从而使得观测站 s_3 得出的定位圆分别与 s_1, s_2 两定位圆相交于多点，而得不到唯一解，此时系统不可观测，如图 5-4 所示。由此可见测量误差对目标定位是否可实现的影响。

综上所述，多站纯距离系统的可观测性与测量误差及观测站的几何站址布局有很大关系，如何通过研究性能良好的目标定位与跟踪算法来减小测量误差对目标定位的影响，如何通过研究观测站的合理布局来提高目标定位精度，这些问题将在第 6 章和第 7 章重点研究。

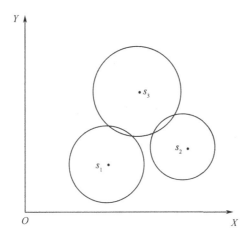

图 5-4　测量误差较大时定位圆相交的几何说明

5.3.2　多站纯距离系统与多站纯方位系统可观测性比较

多站纯方位系统是利用多个观测站获取的目标方位信息来解算目标运动参数的方法，该系统的可观测性研究已形成比较完整、系统的结论[199-201]，将多站纯距离系统可观测性条件与多站纯方位系统的可观测性条件进行比较分析，如表 5-1 所示。

表 5-1　多站纯距离系统与多站纯方位系统的可观测性条件比较

观测站个数(n)	观测站与目标相对位置	纯距离系统	纯方位系统
$n=2$	目标不在观测站连线上	不可观测	可观测
$n=2$	目标在观测站连线上	可观测	不可观测
$n\geqslant3$	至少 3 个观测站不共线	可观测	可观测
$n\geqslant3$	所有观测站共线，且目标不在观测站连线上	不可观测	可观测
$n\geqslant3$	所有观测站共线，且目标在观测站连线上	可观测	不可观测

由表 5-1 可以看出，在观测站与目标处于不同相对位置时，利用纯方位信息和纯距离信息进行定位的系统可观测结论基本是相反的，可以根据实际应用情况选择合适的定位方式。因此，研究纯距离系统可观测性条件，可以在纯方位系统不可观测时，解决目标定位问题。

5.3.3　多站纯距离系统与多站距离差系统可观测性比较

距离差系统也称时差系统（TDOA）[202-207]，是利用目标到主站的时间（距离）与目标到辅站的时间（距离）的差值来对目标运动参数进行解算。二维平面中，TDOA 系统由一个主站、多个辅站组成，且当辅站个数大于 2 时，系统才可观测[13]，即 TDOA 系统至少需要三个基站，方可实现平面目标定位，这与纯距离系统是一样的。但 TDOA 系统得到的测量值是目标与主站之间的距离和目标与辅站之间的距离的差值，若建立定位几何图形，该距离差值对应一对双曲线，且双曲线的焦点是主站和辅站的位置坐标，通过计算主站与多个辅站建立的双曲线的交点，可得目标的估计位置。以三站为例，其定位几何说明如图 5-5 所示。

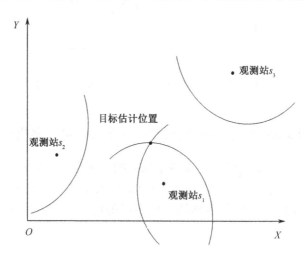

图 5-5　时差系统定位几何说明

式（4.5.11）中，$\beta'(k)$ 是未知量，但根据定位算法可以求出对它们的估计，因此，求解极小化 GDOP(k) 要采用边跟踪边优化的方法。

综上所述，求观测站优化航路的方法为重复进行下列运算步骤：

（1）由 $k-1$ 时刻最优观测站运动和定位算法得到 $\beta(k-1)$ 的估计和 $P(k/k-1)$；

（2）旋转坐标系使 $P(k/k-1)$ 对角化得到 α_1^2，α_2^2 和 $\beta'(k-1)$；

（3）求 k 时刻满足 min GDOP(k) 的观测站运动得到 $\beta'(k)$；

（4）反方向旋转坐标系得到 $\beta(k)$。

第 6 章

多站纯距离系统目标定位与
跟踪算法研究

6.1 引言

通过前几章研究表明，由于目标跟踪问题的弱可观测性，要求观测站的机动能力必须高于跟踪目标，即单观测站必须进行高于目标一阶的运动，才能获得对目标的稳态跟踪。而在观测站自身机动能力受限或隐蔽条件约束的情况下，目标解算收敛速度缓慢，甚至难以获得目标运动状态的稳态收敛解。

采用多站协同方式对目标进行跟踪，可以有效地解决上述问题，而且各观测站在静止时可以实现稳态跟踪，从而在本质上消除了观测站因为运动而带来的暴露，实现了绝对意义上的"安静攻击"。同时，在纯距离目标跟踪过程中，静止的多站跟踪问题可以等效成一个"蛙跳"的单站跟踪问题。也就是说，此时可以等效成一个高速机动的观测站在实施跟踪，因此从初始到稳态跟踪所需时间可大大减少，实现"快速攻击"。

第 5 章在不考虑测量误差、系统误差的理想条件下，从理论分析的角度研究了多站纯距离系统可观测性的部分结论，但是在实际应用中，系统不可避免地受到测量误差的干扰，配合适当的信息融合算法，便可以利用多传感器获得的目标距离数据，实现对目标的定位。

本章主要研究适用于多站纯距离系统的目标定位与跟踪算法。

6.2 "蛙跳"算法

6.2.1 "蛙跳"算法原理

多站定位跟踪问题可以等效成一个高速机动的单观测站在实施跟踪,但是其等效的机动能力比单观测站机动能力要强[208]。

假设有三个观测站 A、B、C,三站协同定位指的是可以将单观测站 A 的运动转化为在观测站 A 的运动轨迹与观测站 B、C 的运动轨迹之间来回跳动,即"蛙跳"运动,如图 6-1 所示。

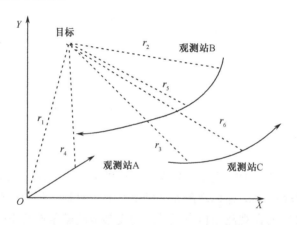

图 6-1 "蛙跳"定位原理示意图

"蛙跳"多站跟踪的实现过程具体可描述为:在观测一段时间后,A、B 观测站将观测的距离序列传输给 C 站(也可以是 B、C 站传输给 A 站,这里没有特定要求),C 站结合自己观测的距离序列,按照观测时刻排序,将三组距离序列合并成一组,代入跟踪方程,在原有跟踪轨迹上进行观测修正。其本质等效为:一个观测站在三个不同位置之间来回跳动,即"蛙跳"。"蛙跳"将多站跟踪问题转化为单站跟踪,但是却具有单站不可比拟的优点:一是可以在短时间内获得较大的位置变化率,实现快速定位跟踪;二是提高可观测性,跟踪精度高;三是无须观测站做特殊机动,隐蔽性好,这一点在 A、B、C 三站均静止时,体现更为明显。

6.2.2　仿真试验及分析

仿真态势 1：

仿真初始条件如下：

（1）有三个观测站 A、B、C 进行协同跟踪目标，观测站 A 静止，坐标为 $(500\mathrm{m},1000\mathrm{m})$；观测站 B 做匀速直线运动，初始位置坐标为 $(2000\mathrm{m},-1000\mathrm{m})$，速度为 $(6\mathrm{m/s},3\mathrm{m/s})$；观测站 C 做匀速转弯运动，初始位置坐标为 $(2000\mathrm{m},2000\mathrm{m})$，转弯率 $\varepsilon=0.08$，速度为 $20\mathrm{m/s}$。

（2）观测时间间隔 1s，共进行 100 次观测，假设观测站 A 在 $3n$ 时刻获得观测距离，观测站 B 在 $3n+1$ 时刻获得观测距离，观测站 C 在 $3n+2$ 时刻获得观测距离，$n=1,2,\cdots,33$，且由观测站 C 采用"蛙跳"方式对目标进行定位跟踪。

（3）目标初始位置 $(1000\mathrm{m},1000\mathrm{m})$，做匀速直线运动，速度为 $(10\mathrm{m/s},10\mathrm{m/s})$。

（4）测距误差服从均值为 0、均方差为 10m 的高斯白噪声。

（5）假设有一单观测站 D 做与观测站 C 等同的匀速转弯运动。

多站"蛙跳"跟踪和单站机动跟踪的定位性能比较如图 6-2 所示。

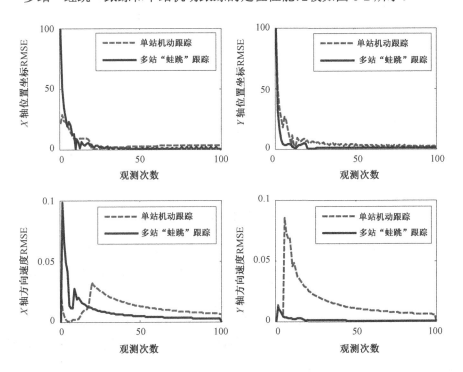

图 6-2　多站"蛙跳"跟踪和单站机动跟踪的定位性能比较

由图 6-2 可知，与单站 D 机动跟踪相比，多站协同定位精度更高，而且收敛速度快。如果与单站 A 或单站 B 定位跟踪相比，结论更直观。因为由 2.4 节结论可知，静止单站 A 和匀速直线运动的单站 B 根本无法实现对目标的定位跟踪，但这里与单站 C 进行协同跟踪，不但可以实现可观测，且定位性能高于单站。

仿真态势 2：

假设三个观测站 A、B、C 均是静止站，位置坐标分别为 $(500\text{m}, 1000\text{m})$，$(2000\text{m}, -1000\text{m}), (2000\text{m}, 2000\text{m})$，其余仿真条件与态势 1 相同。仿真结果如图 6-3 所示。

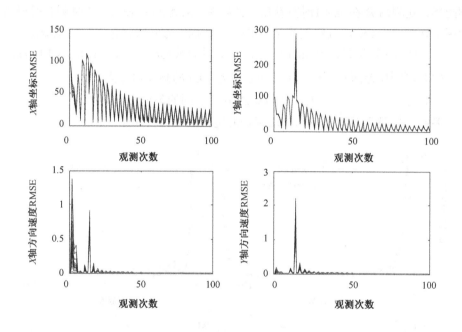

图 6-3　三站均静止时的算法定位性能

在仿真态势 2 的条件下，对"蛙跳"算法进行 100 次仿真试验，仿真结果与一次仿真结果基本一致，为方便观察，仅画出前 20 次仿真的试验结果，如图 6-4 所示。

仿真结果表明，虽然在跟踪过程中，RMSE 曲线出现波动的情况，但总体 RMSE 值趋势是收敛的，即三静止站"蛙跳"协同定位也能实现目标的有效定位跟踪，不需要观测站做特殊的机动。

然而，多站"蛙跳"定位跟踪也有其自身的缺点，由于不同观测站之间观测数据的大量传送，对于通信的实时性和带宽有较高要求，而且对于多静止站协同定位的情况，为了更好地实现目标的定位与跟踪，需要进一步研究定位精度更好的算法。

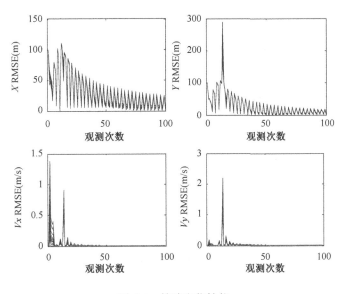

图 6-4　算法定位性能

6.3　集中融合式定位算法

所谓的集中融合式定位，就是由各观测站负责本站对目标的测距，然后分别向处理中心传递目标距离信息，处理中心接收到这些信息后需要选择合适的算法对其进行融合处理，达到对目标实行有效定位与跟踪的目的。本节提出了一种计算简单且无须知道目标运动状态初值的递推算法[209]。

6.3.1　集中融合式定位算法原理

假设各个静止观测站 (x_{si}, y_{si}) $(i=1,2,\cdots,n)$ 独立地对目标与观测站之间的距离进行观测，然后将测量距离传送给中心处理站进行融合处理，从而估计出目标参数。假设观测站 (x_{s1}, y_{s1}) 为中心处理站。

由式（5.2.1）～式（5.2.3）可得方程组：

$$\begin{cases} (x_{s2} - x_{s1})x + (y_{s2} - y_{s1})y = \dfrac{1}{2}[(r_1^2 - r_2^2) - (d_1^2 - d_2^2)] \\ (x_{s3} - x_{s1})x + (y_{s3} - y_{s1})y = \dfrac{1}{2}[(r_1^2 - r_3^2) - (d_1^2 - d_3^2)] \\ \qquad\qquad\qquad\vdots \\ (x_{sn} - x_{s1})x + (y_{sk} - y_{s1})y = \dfrac{1}{2}[(r_1^2 - r_n^2) - (d_1^2 - d_n^2)] \end{cases} \qquad (6.3.1)$$

令

$$A = \begin{bmatrix} x_{s2} - x_{s1} & y_{s2} - y_{s1} \\ x_{s3} - x_{s1} & y_{s3} - y_{s1} \\ \vdots & \vdots \\ x_{sn} - x_{s1} & y_{sn} - y_{s1} \end{bmatrix}, \quad B = \frac{1}{2}\begin{bmatrix} (r_1^2 - r_2^2) - (d_1^2 - d_2^2) \\ (r_1^2 - r_3^2) - (d_1^2 - d_3^2) \\ \vdots \\ (r_1^2 - r_n^2) - (d_1^2 - d_n^2) \end{bmatrix}$$

$M = A^{\mathrm{T}}A$，M 为二阶矩阵，则有 $MX = A^{\mathrm{T}}B$。

在 k 时刻，存在如下的等式关系：

$$M(k)X = A(k)^{\mathrm{T}}B(k) \qquad (6.3.2)$$

式中

$$M(k) = M = \begin{bmatrix} m_{11}(k) & m_{12}(k) \\ m_{21}(k) & m_{22}(k) \end{bmatrix}$$

$$A(k)^{\mathrm{T}}B(k) = L = \begin{bmatrix} l_1(k) \\ l_2(k) \end{bmatrix}$$

设匀速直线运动目标的位置向量为 $X_k = (x(k), y(k))^{\mathrm{T}}$，则有

$$\begin{cases} m_{11}(k) = (x_{s2} - x_{s1})^2 + (x_{s3} - x_{s1})^2 + \cdots + (x_{sn} - x_{s1})^2 \\ m_{12}(k) = m_{21}(k) = (x_{s2} - x_{s1})(y_{s2} - y_{s1}) + \cdots + (x_{sn} - x_{s1})(y_{sn} - y_{s1}) \\ m_{22}(k) = (y_{s2} - y_{s1})^2 + (y_{s3} - y_{s1})^2 + \cdots + (y_{sn} - y_{s1})^2 \end{cases} \quad (6.3.3)$$

$$\begin{cases} l_1(k) = \dfrac{1}{2}(x_{s2} - x_{s1})\left[(r_{k1}^2 - r_{k2}^2) - (d_1^2 - d_2^2)\right] + \cdots + \dfrac{1}{2}(x_{sn} - x_{s1})\left[(r_{k1}^2 - r_{kn}^2) - (d_1^2 - d_n^2)\right] \\ l_2(k) = \dfrac{1}{2}(y_{s2} - y_{s1})\left[(r_{k1}^2 - r_{k2}^2) - (d_1^2 - d_2^2)\right] + \cdots + \dfrac{1}{2}(y_{sn} - y_{s1})\left[(r_{k1}^2 - r_{kn}^2) - (d_1^2 - d_n^2)\right] \end{cases}$$

$$(6.3.4)$$

解方程组可得

$$\hat{x}(k)=\frac{\Delta_1}{\Delta},\hat{y}(k)=\frac{\Delta_2}{\Delta} \tag{6.3.5}$$

式中

$$\begin{cases} \Delta_1=m_{22}(k)l_1(k)-m_{12}(k)l_2(k) \\ \Delta_2=m_{11}(k)l_2(k)-m_{21}(k)l_1(k) \\ \Delta=m_{11}(k)m_{22}(k)-m_{12}(k)m_{21}(k) \end{cases}$$

共进行 k 次观测，当 $k\geqslant2$ 时，便可利用运动公式 $v_x=\dfrac{x(k)-x(1)}{k-1}$ 和 $v_y=\dfrac{y(k)-y(1)}{k-1}$ 解出匀速直线运动目标在 X 轴、Y 轴方向上的速度。

6.3.2　仿真试验及分析

现以三个观测站为例，位置坐标分别为 $(2000\text{m},1000\text{m}),(500\text{m},-800\text{m})$, $(0\text{m},0\text{m})$。目标做匀速直线运动，初始位置坐标为 $(1000\text{m},1000\text{m})$，速度为 $(10\text{m}/\text{s},10\text{m}/\text{s})$，测量时间间隔为 10s，共进行 100 次观测，测距误差服从均值为 0、均方差为 100m 的高斯白噪声。进行 100 次仿真试验，仿真结果如图 6-5～图 6-8 所示。图 6-6 中"—"表示速度的真实值，"*"表示速度的估计值。

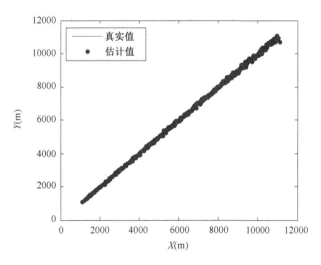

图 6-5　跟踪曲线

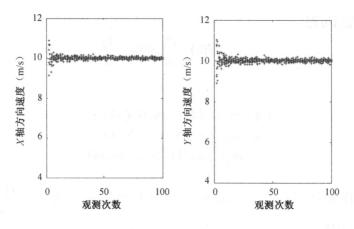

图 6-6　目标速度估计

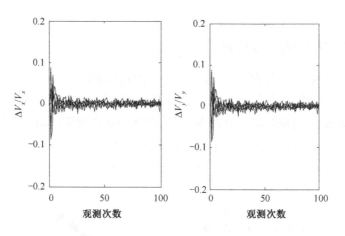

图 6-7　目标位置坐标估计的相对误差

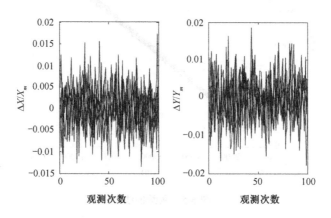

图 6-8　目标速度估计的相对误差

仿真结果表明，该算法收敛速度快，定位精度好。该算法的优点是：递推格式计算量小，不需要目标运动状态的初值。

下面将该算法应用在距离差 TDOA 系统中，对纯距离系统与 TDOA 系统的定位性能进行比较。

6.3.3　与多站 TDOA 定位精度比较

假设 TDOA 定位系统中，主站位置坐标为 (x_{s0}, y_{s0})，其余辅站位置坐标为 $(x_{si}, y_{si}), i = 1, 2, \cdots, n$，目标位置坐标为 (x, y)，r_0 为量测到的目标到主站的距离，r_i 为量测到的目标到辅站的距离，Δr_i 为目标到主站的距离与目标到第 i 个辅站的距离差，d_i 为第 i 个辅站与坐标原点的距离，d_i 为主站与坐标原点的距离。

根据上述条件，可得方程组：

$$\begin{cases} (x_{s0} - x)^2 + (y_{s0} - y)^2 = r_0^{\,2} \\ (x_{si} - x)^2 + (y_{si} - y)^2 = r_i^{\,2} & (i = 1, 2, \cdots, n) \\ \Delta r_i = r_0 - r_i \end{cases} \tag{6.3.6}$$

整理化简可得：

$$(x_{si} - x_{s0})x + (y_{si} - y_{s0})y = \frac{1}{2}\left(d_i^2 - d_0^2 - \Delta r_i^{\,2}\right) + \Delta r_i \cdot r_0 \tag{6.3.7}$$

6.3.3.1　初始量测距离 r_0 已知

若 r_0 已知，则至少需要三个观测站才能实现目标定位，式（6.3.7）可写为：

$$\begin{cases} (x_1 - x_0)x + (y_1 - y_0)y = \dfrac{1}{2}(d_1^2 - d_0^2 - \Delta r_1^{\,2}) + \Delta r_1 \cdot r_0 \\ (x_2 - x_0)x + (y_2 - y_0)y = \dfrac{1}{2}(d_2^2 - d_0^2 - \Delta r_2^{\,2}) + \Delta r_2 \cdot r_0 \end{cases}$$

即

$$\begin{pmatrix} x_1 - x_0 & y_1 - y_0 \\ x_2 - x_0 & y_2 - y_0 \end{pmatrix} \begin{pmatrix} x \\ y \end{pmatrix} = \frac{1}{2} \begin{pmatrix} d_1^2 - d_0^2 - \Delta r_1^{\,2} + 2\Delta r_1 \cdot r_0 \\ d_2^2 - d_0^2 - \Delta r_2^{\,2} + 2\Delta r_2 \cdot r_0 \end{pmatrix} \tag{6.3.8}$$

令

$$\boldsymbol{A} = \begin{pmatrix} x_1 - x_0 & y_1 - y_0 \\ x_2 - x_0 & y_2 - y_0 \end{pmatrix}, \quad \boldsymbol{B} = \frac{1}{2} \begin{pmatrix} d_1^2 - d_0^2 - \Delta r_1^{\,2} + 2\Delta r_1 \cdot r_0 \\ d_2^2 - d_0^2 - \Delta r_2^{\,2} + 2\Delta r_2 \cdot r_0 \end{pmatrix}$$

则式（6.3.8）可记为 $\boldsymbol{AX} = \boldsymbol{B}$。

令 $M = A^\mathrm{T}A$，M 为二阶矩阵，在 k 时刻，有

$$M(k)X = A(k)^\mathrm{T}B(k) \tag{6.3.9}$$

式中

$$M(k) = \begin{bmatrix} m_{11}(k) & m_{12}(k) \\ m_{21}(k) & m_{22}(k) \end{bmatrix}$$

$$A(k)^\mathrm{T}B(k) = L(k) = \begin{bmatrix} l_1(k) \\ l_2(k) \end{bmatrix}$$

设匀速直线运动目标的位置向量为 $X_k = (x(k), y(k))^\mathrm{T}$，则有

$$\begin{cases} m_{11}(k) = (x_{s2} - x_{s0})^2 + (x_{s2} - x_{s0'})^2 \\ m_{12}(k) = m_{21}(k) = (x_{s1} - x_{s0})(y_{s1} - y_{s0}) + (x_{s2} - x_{s0})(y_{s2} - y_{s0}) \\ m_{22}(k) = (y_{s1} - y_{s0})^2 + (y_{s2} - y_{s0})^2 \end{cases} \tag{6.3.10}$$

$$\begin{cases} l_1(k) = \dfrac{1}{2}(x_{s1} - x_{s0})(d_1^2 - d_0^2 - \Delta r_1^2 + 2\Delta r_1 \cdot r_0) + \dfrac{1}{2}(x_{s2} - x_{s0})(d_2^2 - d_0^2 - \Delta r_2^2 + 2\Delta r_2 \cdot r_0) \\ l_2(k) = \dfrac{1}{2}(y_{s1} - y_{s0})(d_1^2 - d_0^2 - \Delta r_1^2 + 2\Delta r_1 \cdot r_0) + \dfrac{1}{2}(y_{s2} - y_{s0})(d_2^2 - d_0^2 - \Delta r_2^2 + 2\Delta r_2 \cdot r_0) \end{cases}$$
$$\tag{6.3.11}$$

解式（6.3.9）可得：

$$\hat{x}(k) = \frac{\varDelta_1}{\varDelta}, \hat{y}(k) = \frac{\varDelta_2}{\varDelta} \tag{6.3.12}$$

式中

$$\begin{cases} \varDelta_1 = m_{22}(k)l_1(k) - m_{12}(k)l_2(k) \\ \varDelta_2 = m_{11}(k)l_2(k) - m_{21}(k)l_1(k) \\ \varDelta = m_{11}(k)m_{22}(k) - m_{12}(k)m_{21}(k) \end{cases}$$

共进行 k 次观测，当 $k \geqslant 2$ 时，便可利用运动公式 $v_x = \dfrac{x(k) - x(1)}{k-1}$ 和 $v_y = \dfrac{y(k) - y(1)}{k-1}$ 解出匀速直线运动目标在 X 轴、Y 轴方向上的速度。

假设三个观测站的位置坐标分别为 $s_0 = (2000\mathrm{m}, 1000\mathrm{m})$，$s_1 = (500\mathrm{m}, -800\mathrm{m})$，$s_2 = (0\mathrm{m}, 0\mathrm{m})$，其中 S_0 为主站。目标做匀速直线运动，初始位置坐标为 $(1000\mathrm{m}, 1000\mathrm{m})$，速度为 $(10\mathrm{m/s}, 10\mathrm{m/s})$，测量时间间隔为 10s，测距误差服从均值为 0、均方差为 100m 的高斯白噪声。

对上述过程分别使用纯距离定位和距离差定位方法进行仿真试验，仿真结果

如图 6-9 和图 6-10 所示。

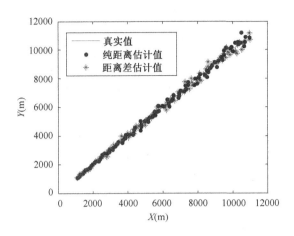

图 6-9　跟踪曲线

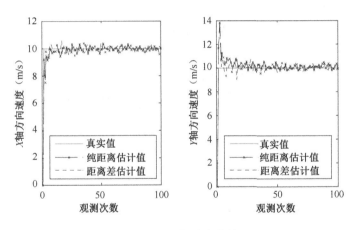

图 6-10　目标速度估计

仿真结果表明：当主站与目标的初始量测距离 r_0 已知时，距离差定位与纯距离定位均能收到较好的定位效果，两者定位性能相差不大。其实此时并不是单纯的距离差系统，因为算法的前提条件是 r_0 已知，其本质是联合距离和距离差的算法。

6.3.3.2　初始量测距离 r_0 未知

若 r_0 未知，式（6.3.7）可写为：

$$(x_{si} - x_{s0})x + (y_{si} - y_{s0})y - \Delta r_i \cdot r_0 = (d_i^2 - d_0^2 - \Delta r_i^2)/2 \quad (i = 1, 2, \cdots, n) \quad (6.3.13)$$

这里有 x,y,r_0 三个未知数，则至少需要四站才能实现目标定位，根据式（5.2.4）将式（6.3.13）展开，可得方程组：

$$\begin{pmatrix} x_{s1}-x_{s0} & y_{s1}-y_{s0}-\Delta r_1 \\ x_{s2}-x_{s0} & y_{s2}-y_{s0}-\Delta r_2 \\ x_{s3}-x_{s0} & y_{s3}-y_{s0}-\Delta r_3 \end{pmatrix}\begin{pmatrix} x \\ y \\ r_0 \end{pmatrix}=\frac{1}{2}\begin{pmatrix} d_1^2-d_0^2-\Delta r_1^2 \\ d_2^2-d_0^2-\Delta r_2^2 \\ d_3^2-d_0^2-\Delta r_3^2 \end{pmatrix} \qquad （6.3.14）$$

令

$$\boldsymbol{A}=\begin{pmatrix} x_{s1}-x_{s0} & y_{s1}-y_{s0}-\Delta r_1 \\ x_{s2}-x_{s0} & y_{s2}-y_{s0}-\Delta r_2 \\ x_{s3}-x_{s0} & y_{s3}-y_{s0}-\Delta r_3 \end{pmatrix}, \quad \boldsymbol{B}=\frac{1}{2}\begin{pmatrix} d_1^2-d_0^2-\Delta r_1^2 \\ d_2^2-d_0^2-\Delta r_2^2 \\ d_3^2-d_0^2-\Delta r_3^2 \end{pmatrix}$$

则式（6.3.14）可记为 $\boldsymbol{AX}=\boldsymbol{B}$。

令 $\boldsymbol{M}=\boldsymbol{A}^{\mathrm{T}}\boldsymbol{A}$，$\boldsymbol{M}$ 为二阶矩阵，在 k 时刻，有

$$\boldsymbol{M}(k)\boldsymbol{X}=\boldsymbol{A}(k)^{\mathrm{T}}\boldsymbol{B}(k) \qquad （6.3.15）$$

解式（6.3.15）可得：

$$\boldsymbol{X}=\boldsymbol{M}(k)^{-1}\boldsymbol{A}^{\mathrm{T}}(k)\boldsymbol{B} \qquad （6.3.16）$$

式中

$$\boldsymbol{M}(k)=\begin{bmatrix} m_{11}(k) & m_{12}(k) & m_{13}(k) \\ m_{21}(k) & m_{22}(k) & m_{23}(k) \\ m_{31}(k) & m_{32}(k) & m_{33}(k) \end{bmatrix}, \quad \boldsymbol{A}(k)^{\mathrm{T}}\boldsymbol{B}(k)=\boldsymbol{L}(k)=\begin{bmatrix} l_1(k) \\ l_2(k) \\ l_3(k) \end{bmatrix}$$

设匀速直线运动目标的位置向量为 $\boldsymbol{X}_k=(x(k),y(k))^{\mathrm{T}}$，则有

$$\begin{cases} m_{11}(k)=(x_{s2}-x_{s0})^2+(x_{s2}-x_{s0\cdot})^2+(x_{s3}-x_{s0\cdot})^2 \\ m_{12}(k)=m_{21}(k)=(x_{s1}-x_{s0})(y_{s1}-y_{s0})+(x_{s2}-x_{s0})(y_{s2}-y_{s0})+(x_{s3}-x_{s0})(y_{s3}-y_{s0}) \\ m_{13}(k)=m_{31}(k)=(x_{s0}-x_{s1})\Delta r_1+(x_{s0}-x_{s2})\Delta r_2+(x_{s0}-x_{s3})\Delta r_3 \\ m_{22}(k)=(y_{s1}-y_{s0})^2+(y_{s2}-y_{s0})^2+(y_{s3}-y_{s0})^2 \\ m_{23}(k)=m_{32}(k)=(y_{s0}-y_{s1})\Delta r_1+(y_{s0}-y_{s2})\Delta r_2+(y_{s0}-y_{s3})\Delta r_3 \\ m_{33}(k)=\Delta r_1^2+\Delta r_2^2+\Delta r_3^2 \end{cases}$$

$$（6.3.17）$$

$$\begin{cases} l_1(k)=\dfrac{1}{2}(x_{s1}-x_{s0})(d_1^2-d_0^2-\Delta r_1^2)+\dfrac{1}{2}(x_{s2}-x_{s0})(d_2^2-d_0^2-\Delta r_2^2)+\dfrac{1}{2}(x_{s3}-x_{s0})(d_3^2-d_0^2-\Delta r_2^2) \\ l_2(k)=\dfrac{1}{2}(y_{s1}-y_{s0})(d_1^2-d_0^2-\Delta r_1^2)+\dfrac{1}{2}(y_{s2}-y_{s0})(d_2^2-d_0^2-\Delta r_2^2)+\dfrac{1}{2}(y_{s3}-y_{s0})(d_3^2-d_0^2-\Delta r_2^2) \\ l_3(k)=-\dfrac{1}{2}\Delta r_1(d_1^2-d_0^2-\Delta r_1^2)-\dfrac{1}{2}\Delta r_2(d_2^2-d_0^2-\Delta r_2^2)-\dfrac{1}{2}\Delta r_3(d_3^2-d_0^2-\Delta r_2^2) \end{cases}$$

$$（6.3.18）$$

共进行 k 次观测，当 $k \geqslant 2$ 时，便可利用运动公式

$$v_x = \frac{x(k) - x(1)}{k - 1}, \quad v_y = \frac{y(k) - y(1)}{k - 1}$$

解出匀速直线运动目标在 X 轴、Y 轴方向上的速度。

假设 4 个观测站的位置坐标分别为 $s_0 = (2000\mathrm{m}, 2000\mathrm{m})$，$s_1 = (500\mathrm{m}, -800\mathrm{m})$，$s_2 = (0\mathrm{m}, 0\mathrm{m})$，$s_3 = (-1000\mathrm{m}, -500\mathrm{m})$，其中 s_0 为主站，其余条件与 5.3.3 节仿真条件相同。对上述过程仍然采用基于集中融合式定位算法的纯距离定位和距离差定位方法进行仿真试验，仿真结果如图 6-11 和图 6-12 所示。

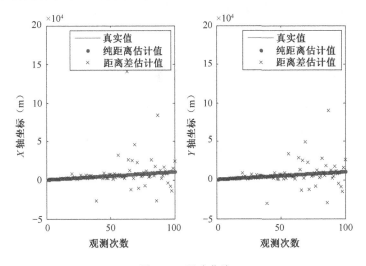

图 6-11　跟踪曲线

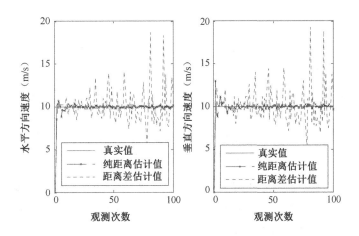

图 6-12　目标速度估计

仿真结果表明：当目标与主站的初始量测距离 r_0 未知时，该算法应用在 TDOA 中，定位效果差。

6.4　基于最小二乘原理的定位算法

由于无须知道待估计问题的概率或统计描述，基于均方误差最小的最小二乘法是目前应用比较广泛的非线性滤波算法之一。下面给出多站纯距离目标定位系统中的最小二乘估计模型[210]。

6.4.1　多观测站最小二乘定位原理

假设观测站 $s_1, s_2, \cdots, s_n$ 位置坐标为 $(x_{s1}, y_{s1}), \cdots, (x_{sn}, y_{sn})$，目标的位置坐标为 (x, y)，各观测站均在某一时刻得到目标的距离量测，组成一组测距向量 $\boldsymbol{Z} = (r_1, r_2, \cdots, r_n)^{\mathrm{T}}$，式中 r_i 为观测平台 s_i 与目标的距离，$i = 1, 2, \cdots, n$。定位系统的观测模型为：

$$\boldsymbol{Z} = \boldsymbol{H}(X) + \boldsymbol{\Delta} \tag{6.4.1}$$

式中

$$\boldsymbol{H}(X) = \begin{pmatrix} r_1 \\ r_2 \\ \vdots \\ r_n \end{pmatrix} = \begin{pmatrix} \sqrt{(x - x_{s1})^2 + (y - y_{s1})^2} \\ \sqrt{(x - x_{s2})^2 + (y - y_{s2})^2} \\ \vdots \\ \sqrt{(x - x_{sn})^2 + (y - y_{sn})^2} \end{pmatrix} \tag{6.4.2}$$

$\boldsymbol{\Delta} = [\Delta r_1, \Delta r_2, \cdots, \Delta r_n]^{\mathrm{T}}$ 为测距误差向量，其中 Δr_i 为第 i 个观测站的测距误差。

根据最小二乘定义可知：

$$\boldsymbol{\Delta}^{\mathrm{T}} \boldsymbol{\Delta}(\hat{X}) = (\boldsymbol{H}(\hat{X}) - \boldsymbol{Z})^{\mathrm{T}} (\boldsymbol{H}(\hat{X}) - \boldsymbol{Z}) = \boldsymbol{H}^{\mathrm{T}}(\hat{X}) \boldsymbol{H}(\hat{X}) - 2\boldsymbol{H}^{\mathrm{T}}(\hat{X}) \boldsymbol{Z} + \boldsymbol{Z}^{\mathrm{T}} \boldsymbol{Z} = \min \tag{6.4.3}$$

因为 $\boldsymbol{Z}^{\mathrm{T}} \boldsymbol{Z}$ 为一常量，所以式（6.4.3）等价于目标函数

$$R(\hat{X}) = \boldsymbol{H}^{\mathrm{T}}(\hat{X}) \boldsymbol{H}(\hat{X}) - 2\boldsymbol{H}^{\mathrm{T}}(\hat{X}) \boldsymbol{Z} = \min \tag{6.4.4}$$

式（6.4.4）就是多站纯距离系统的最小二乘估计模型，求解系统最小二乘估计解的方法有很多，解法不同，定位效果也不同。下面介绍线性近似估计法和基于全局收敛策略的牛顿迭代估计法。

6.4.2 线性近似法

由式（6.4.1）可知，线性近似的观测模型为：

$$Z = H(X_0) + B(X - X_0) + \Delta \tag{6.4.5}$$

式中，X_0 为估计初值；$B(X_0)$ 为 $H(X)$ 在 X_0 处对估计参数 X 的一阶偏导数，即

$$B(X_0) = \begin{pmatrix} \dfrac{x_0 - x_{s1}}{\sqrt{(x_0 - x_{s1})^2 + (y_0 - y_{s1})^2}} & \dfrac{y_0 - y_{s1}}{\sqrt{(x_0 - x_{s1})^2 + (y_0 - y_{s1})^2}} \\ \vdots & \vdots \\ \dfrac{x_0 - x_{sn}}{\sqrt{(x_0 - x_{sn})^2 + (y_0 - y_{sn})^2}} & \dfrac{y_0 - y_{sn}}{\sqrt{(x_0 - x_{sn})^2 + (y_0 - y_{sn})^2}} \end{pmatrix} \tag{6.4.6}$$

但是，通过求解线性近似后的观测方程式（6.4.5）后得到的只是 Δ 的估计值，这是由于在对非线性系统进行线性近似的过程中，不可避免地产生一些误差，这些误差都包含在 Δ 中，除此之外 Δ 中还包含了观测站对距离的测量误差，因此 Δ 的误差统计模型也是不可知的。令 $U = Z - H(X_0)$，$V = X - X_0$，由式（6.4.5）可以得到误差估计：

$$\hat{V} = \hat{X} - \hat{X}_0 = (B^{\mathrm{T}}B)^{-1}B^{\mathrm{T}}U \tag{6.4.7}$$

定位结果为

$$\hat{X} = (B^{\mathrm{T}}B)^{-1}B^{\mathrm{T}}U + X_0 \tag{6.4.8}$$

6.4.3 基于全局收敛策略的牛顿迭代算法

线性近似方法虽然计算简单，但是存在定位精度不高的问题，可以采用 3.3.2 节所提的基于全局收敛策略的改进迭代算法对系统进行求解，所不同的是，3.3.2 节是基于最大似然估计原理进行计算，这里则是基于最小二乘估计原理进行计算。

假设 $R(X)$ 存在二阶连续偏导数，取 $R(X)$ 的极小值 X^* 附近的一个近似值 X_k，将 $R(X)$ 在 X_k 附近展开二阶的泰勒级数，得到：

$$R(X^*) = R(X_k + \delta_k) = R(X_k) + g_k \delta_k + \frac{1}{2}(\delta_k)^{\mathrm{T}} G_k \delta_k = \min \tag{6.4.9}$$

式中，g_k 表示 X_k 的一阶偏导数矩阵，也称为 jancobian 矩阵；G_k 表示 X_k 处的二阶偏导数矩阵，也称为 Hessian 矩阵。计算公式如下：

$$\delta_k = X^* - X_k \tag{6.4.10}$$

$$g_k = \left(\begin{array}{cc} \dfrac{\partial R}{\partial x_t} & \dfrac{\partial R}{\partial y_t} \end{array} \right) \bigg|_{X=X_k}, \quad G^k = \left| \begin{array}{cc} \dfrac{\partial^2 R}{\partial x_t^2} & \dfrac{\partial^2 R}{\partial x_t y_t} \\ \dfrac{\partial^2 R}{\partial y_t x_t} & \dfrac{\partial^2 R}{\partial y_t^2} \end{array} \right|_{X=X_k} \tag{6.4.11}$$

$$\begin{cases} \dfrac{\partial R}{\partial x_t} = 2\sum_{i=1}^{n} \dfrac{x_t - x_{si}[\sqrt{(x_t-x_{si})^2+(y_t-y_{si})^2} - r_i]}{\sqrt{(x_t-x_{si})^2+(y_t-y_{si})^2}} \\[4mm] \dfrac{\partial R}{\partial y_t} = 2\sum_{i=1}^{n} \dfrac{y_t - y_{si}[\sqrt{(x_t-x_{si})^2+(y_t-y_{si})^2} - r_i]}{\sqrt{(x_t-x_{si})^2+(y_t-y_{si})^2}} \\[4mm] \dfrac{\partial^2 R}{\partial x_t^2} = 2\sum_{i=1}^{n}(1 - \dfrac{r_i}{\sqrt{(x_t-x_{si})^2+(y_t-y_{si})^2}} + (x_t-x_{si})^2 \cdot r_i \cdot \sqrt{(x_t-x_{si})^2+(y_t-y_{si})^2}^{-\frac{3}{2}}) \\[4mm] \dfrac{\partial^2 R}{\partial y_t^2} = 2\sum_{i=1}^{n}(1 - \dfrac{r_i}{\sqrt{(x_t-x_{si})^2+(y_t-y_{si})^2}} + (y_t-y_{si})^2 \cdot r_i \cdot \sqrt{(x_t-x_{si})^2+(y_t-y_{si})^2}^{-\frac{3}{2}}) \\[4mm] \dfrac{\partial^2 R}{\partial x_t \partial y_t} = \dfrac{\partial^2 R}{\partial y_t \partial x_t} = 2\sum_{i=1}^{n} r_i \cdot (x_t-x_{si})(y_t-y_{si}) \cdot [(x_t-x_{si})^2+(y_t-y_{si})^2]^{-\frac{3}{2}} \end{cases}$$

$$\tag{6.4.12}$$

将式（6.4.5）对 δ_k 求一阶偏导，并令其为零，得到：

$$g_k + (\delta_k)^{\mathrm{T}} G^k = 0 \tag{6.4.13}$$

当 G_k 非奇异时，由式（6.4.13）可得：

$$\delta_k = -(G_k)^{-1}(g_k)^{\mathrm{T}} \tag{6.4.14}$$

牛顿迭代的基本公式：

$$X_{k+1} = X_k + \delta_k = X_k - (G_k)^{-1}(g_k)^{\mathrm{T}} \tag{6.4.15}$$

全局收敛策略：

$$R(X_{k+1}) \leqslant R(X_k) + \alpha \nabla R(X)^{\mathrm{T}} \delta_k \tag{6.4.16}$$

式中，α 通常取为 10^{-4}。

6.4.4 仿真试验及分析

假设静止目标的位置坐标为 $(2000\text{m}, 2000\text{m})$，3 个静止观测站的位置坐标分别为 $(1000\text{m}, 1000\text{m}), (500\text{m}, 1500\text{m}), (3000\text{m}, 2000\text{m})$。测量误差是均值为 0、方差为 100m 的高斯白噪声，且各观测站测量误差是相互独立的，观测时间间隔 $\Delta T = 1\text{s}$，共进行 100 次观测，图 6-13 为线性近似法与全局收敛的高斯—牛顿迭

代法的定位误差比较。

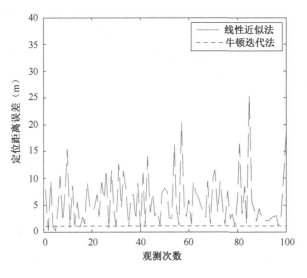

图 6-13　定位误差比较

从目标估计位置与目标真实位置之间距离误差的试验结果来看，基于全局收敛策略的牛顿迭代算法的定位稳定性明显较高。

6.5　改进粒子滤波算法

粒子滤波[211-216]（Particle Filter，PF）是一种通过采样策略来逼近系统非线性分布的方法，但是与 UKF 算法的确定性采样方式不同，粒子滤波算法采用随机采样的方式。粒子滤波采用参考分布，随机产生大量附有权值的采样点，然后根据这些采样点来计算目标状态值。本节介绍粒子滤波算法的基本步骤，并指出了粒子滤波算法存在的粒子权值退化和粒子多样性匮乏的问题，是下一节研究改进算法的基础。

6.5.1　标准粒子滤波算法基本原理

1. 最优贝叶斯估计理论

在贝叶斯估计理论中，通常将每一个未知量作为一个随机变量进行处理。通过假设一些初始条件或先验分布,使用观测量计算后验概率密度函数来修正估计值。贝叶斯估计过程通常包括两个阶段,即时间更新阶段和测量更新阶段。时间更新阶段通过预先建立的目标状态方程对目标的状态进行预测;测量更新阶段利用贝叶斯准则和当前观测值对预测进行修正。从理论上来说,贝叶斯估计方法只需要知道状态方程、似然方程和初始状态分布三个条件,就可以完成对目标状态的递推估计。在选用平方误差作为代价函数的条件下,得到的最优估计是后验概率密度的均值,即:

$$\hat{X}_k = E[X_k \mid Z_{1:k}] = \int X_k p(X_k \mid Z_{1:k}) \mathrm{d}X_k \tag{6.5.1}$$

式中,$Z_{1:k} = \{z_1, z_2, \cdots, z_k\}$ 表示到当前为止的所有观测量的集合。

2. 递推贝叶斯估计

递推形式的贝叶斯估计通常假设过程噪声的概率密度函数 p_{ω_t} 和观测噪声的概率密度函数 p_{v_t} 已知,并且相互独立;初始分布 p_{x_0} 已知,且与噪声密度函数相互独立;k 时刻观测获得的 k 个观测值组成的观测序列为 $Z_{1:k} = \{z_1, z_2, \cdots, z_k\}$。对于目标跟踪问题,通常假设系统的状态分布服从一阶马尔可夫过程,即系统当前时刻的状态只与其前一时刻的状态有关,与其他时刻的状态无关,因此目标状态的先验和后验概率密度函数可表示为:

$$p(X_k \mid X_{0:k-1}) = p(X_k \mid X_{k-1}) \tag{6.5.2}$$

$$p(Z_k \mid X_{0:k}) = p(Z_k \mid X_k) \tag{6.5.3}$$

根据以上的已知信息,构建当前状态 X_k 的后验概率密度函数,同样需要进行预测和更新两个滤波阶段。

1) 预测阶段

已知 $k-1$ 时刻的后验概率为 $p(X_{k-1} \mid Z_{1:k-1})$,对当前时刻目标状态的预测就是利用状态方程,通过切普曼—柯莫哥洛夫($C-K$)方程获得状态向量在 k 时刻的预测:

$$p(X_k \mid Z_{1:k-1}) = \int p(X_k \mid X_{k-1}) p(X_{k-1} \mid Z_{1:k-1}) \mathrm{d}X_{k-1} \tag{6.5.4}$$

式中,转移密度函数 $p(X_k \mid X_{k-1})$ 由状态模型和已知统计量的系统噪声 ω_{k-1} 来定义,该函数又称为状态演化的概率模型。由马尔可夫过程可知:

$$p(X_k \mid X_{k-1}) = \int p(X_k \mid X_{k-1}, \omega_{k-1}) p(\omega_{k-1} \mid X_{k-1}) \mathrm{d}\omega_{k-1} \tag{6.5.5}$$

由系统噪声 ω_k 的独立性,可知 $p(\omega_{k-1} \mid X_{k-1}) = p(\omega_{k-1})$,因此有:

$$p(X_k \mid X_{k-1}) = \int \delta[X_k - f_{k-1}(X_{k-1}, \omega_{k-1})] p(\omega_{k-1}) \mathrm{d}\omega_{k-1} \tag{6.5.6}$$

2) 更新阶段

当获得 k 时刻的观测量 z_k，代入预测阶段中式（6.5.4）中的先验概率，利用贝叶斯准则更新先验信息，可以得到递推状态估计的观测更新：

$$p\left(X_k \mid Z_{1:k}\right) = \frac{p\left(z_k \mid X_k, Z_{1:k-1}\right) p\left(X_k \mid Z_{1:k-1}\right)}{p\left(z_k \mid Z_{1:k-1}\right)} \tag{6.5.7}$$

由于观测量独立于指定状态，即 $p\left(z_k \mid X_k, A\right) = p\left(z_k \mid X_k\right)$，可得到简化形式的观测更新：

$$p\left(X_k \mid Z_{1:k}\right) = \frac{p\left(z_k \mid X_k\right) p\left(X_k \mid Z_{1:k-1}\right)}{p\left(z_k \mid Z_{1:k-1}\right)} \tag{6.5.8}$$

式中，$p\left(X_k \mid Z_{1:k-1}\right) = \int p\left(z_k \mid X_k\right) p\left(X_k \mid Z_{1:k-1}\right) \mathrm{d}X_k$，它依赖于似然函数 $p\left(z_k \mid X_k\right)$，由观测模型和已知统计量得观测噪声 v_k 确定，即：

$$p\left(z_k \mid X_k\right) = \int \delta\left[z_k - h_k\left(X_k, v_k\right)\right] p\left(v_k\right) \mathrm{d}v_k \tag{6.5.9}$$

式（6.5.4）和式（6.5.8）构成了递推贝叶斯估计的循环过程，可以获得下列形式的递推解：

$$p\left(X_k \mid Z_{1:k}\right) = \frac{p\left(z_k \mid X_k\right) \int p\left(X_k \mid X_{k-1}\right) p\left(X_{k-1} \mid Z_{1:k-1}\right) \mathrm{d}X_{k-1}}{p\left(z_k \mid Z_{1:k-1}\right)} \tag{6.5.10}$$

通过设定状态的初始分布 $p\left(X_0\right)$，就可以对目标状态进行递推求解。然而，该积分形式的方程在通常情况下没有解析解，即解的空间是无限维的。其中的特例是，对于线性高斯的状态估计问题，滤波递推过程中的状态分布始终保持高斯型，使用 Kalman 等线性滤波器，可以得到解析最优解。然而对于非高斯非线性问题，通过递推的贝叶斯方法无法得到闭合形式的解析解，这时就需要利用 EKF 等近似方法来处理该类问题。

3. 基本粒子滤波算法

基于贝叶斯滤波思想，粒子滤波通过带有归一化权值的粒子集来近似表示后验概率密度 $p\left(X_k \mid Z_{1:k}\right)$，当粒子采样数量足够大时，能够准确地表达后验密度分布，此时的粒子滤波算法接近贝叶斯最优估计。每一个粒子的位置和权重反映了状态空间在该区间的密度。设采样 N 个粒子 $X_k^i \infty p\left(X_k \mid Z_{1:k}\right)$，粒子滤波算法原理描述如下式：

$$p\left(X_k \mid Z_{1:k}\right) = \sum_{i=1}^{N} \omega_k^i \delta\left(X_k - X_k^i\right) \tag{6.5.11}$$

式中，ω_k^i 定义为粒子的重要性权重，简称权重；N 是粒子采样的数量。根据式

（6.5.11）粒子滤波算法的原理，如果粒子直接采样于后验概率密度函数，那么后验概率也可以通过这些粒子集的加权来近似表示，但后验概率密度正是我们所要寻求的目标状态的解。因此，必须选择一个已知且易于采样的替代分布，这里也称为建议密度函数，来替代后验概率函数，进行粒子的采样，如 $q\left(X_{0:k}^{i} \mid Z_{1:k}\right)$。根据大数定理，随机采样的离散粒子集收敛于真实的后验概率密度函数。在这种情况下，第 i 个粒子的对应权重可选取为：

$$\omega_{k}^{i}=\frac{p\left(X_{0:k}^{i} \mid Z_{1:k}\right)}{q\left(X_{0:k}^{i} \mid Z_{1:k}\right)} \tag{6.5.12}$$

式中，在通常情况下，建议密度函数可以分解为：

$$q\left(X_{0:k}^{i} \mid Z_{1:k}\right)=q\left(X_{k}^{i} \mid X_{0:k-1}^{i}, Z_{1:k}\right) q\left(X_{0:k-1}^{i} \mid Z_{1:k}\right) \tag{6.5.13}$$

根据贝叶斯公式，后验概率密度可表示为：

$$
\begin{aligned}
p\left(X_{0:k}^{i} \mid Z_{1:k}\right) &=\frac{p\left(z_{k} \mid X_{0:k}^{i}, Z_{1:k}\right) p\left(X_{0:k}^{i} \mid Z_{1:k-1}\right)}{p\left(z_{k} \mid Z_{1:k-1}\right)} \\
&=\frac{p\left(z_{k} \mid X_{0:k}^{i}, Z_{1:k}\right) p\left(X_{k}^{i} \mid X_{0:k-1}^{i}, Z_{1:k-1}\right) p\left(X_{0:k-1}^{i} \mid Z_{1:k-1}\right)}{p\left(z_{k} \mid Z_{1:k-1}\right)} \\
&=\frac{p\left(z_{k} \mid X_{k}^{i}\right) p\left(X_{k}^{i} \mid X_{k-1}^{i}\right)}{p\left(z_{k} \mid Z_{1:k-1}\right)} p\left(X_{0:k-1}^{i} \mid Z_{1:k-1}\right) \\
&\propto p\left(z_{k} \mid X_{k}^{i}\right) p\left(X_{k}^{i} \mid X_{k-1}^{i}\right) p\left(X_{0:k-1}^{i} \mid Z_{1:k-1}\right)
\end{aligned}
\tag{6.5.14}
$$

需要说明的是，与上一小节讨论的递推贝叶斯估计的假设相同，这里的建议密度函数同样服从一阶马尔可夫过程，且已知观测独立于指定状态。根据贝叶斯估计原理，粒子滤波的过程也可分为预测阶段和更新两个阶段。

1) 预测阶段

预测阶段是先验概率在状态空间进行搜索的过程。从过程噪声 ω_{k-1} 中采样 N 个点，使用这些点通过状态方程形成新的粒子分布 $X_{k,k-1}^{i}$，其计算公式如下：

$$X_{k,k-1}^{i}=f\left(X_{k-1,k-1}^{i}, \omega_{k-1}\right) \tag{6.5.15}$$

其分布近似于密度 $p\left(X_{k} \mid Z_{1:k-1}\right)$。

2) 更新阶段

当得到 k 时刻的观测值，将式（6.5.13）和式（6.5.14）代入权重计算式（6.5.12），可以得到粒子权重：

$$\omega_k^i \propto \frac{p\left(z_k \mid X_k^i\right)p\left(X_k^i \mid X_{k-1}^i\right)p\left(X_{0:k-1}^i \mid Z_{1:k-1}\right)}{q\left(X_k^i \mid X_{0:k}^i, Z_{1:k}\right)q\left(X_{0:k-1}^i \mid Z_{1:k}\right)} \tag{6.5.16}$$

将上式表达为递推形式：

$$\omega_k^i \propto \omega_{k-1}^i \frac{p\left(z_k \mid X_k^i\right)p\left(X_k^i \mid X_{k-1}^i\right)}{q\left(X_k^i \mid X_{k-1}^i, z_k\right)} \tag{6.5.17}$$

通常需要对上面计算的权重进行归一化，得到权重：

$$\omega_k^{i*} = \frac{\omega_k^i}{\sum\limits_{i=1}^{N} \omega_k^i} \tag{6.5.18}$$

因此，对于每一个 $X_{k,k-1}^i$ 对应一个权重 ω_k^i，可以得到更新后的粒子集 $\left\{X_k^i, \omega_k^i\right\}$。在此基础上，状态的估计值和方差计算如下：

$$\hat{X}_k = E\left(X_k \mid Z_{1:k-1}\right) = \int X_k p\left(X_k \mid Z_{1:k}\right)\mathrm{d}X_k \approx \sum\limits_{i=1}^{N} \omega_k^i X_k^i \tag{6.5.19}$$

$$P_k = \sum\limits_{i=1}^{N} \omega_k^i X_k^i \left(X_k^i\right)^{\mathrm{T}} - \hat{X}_k \left(\hat{X}_k\right)^{\mathrm{T}} \tag{6.5.20}$$

上述方程式就构成了递推的 PF 算法的基本过程。通过上述推导过程我们可以看出，粒子滤波不受线性高斯条件的约束，易于非线性非高斯跟踪算法的实现。

6.5.2　粒子滤波算法存在的主要问题

粒子滤波算法实现过程中的主要问题是粒子集会随着递推步数的增加出现退化现象[217-219]。由于建议密度函数的权重方差会随着时间的增加而不断增大，经过几次递推计算，有可能除一个粒子外，其他粒子只具有微小的权重。针对这种退化现象，通常可以通过选择建议密度来减少这种不利影响。最常用的方法是选择先验密度，即：

$$q\left(X_k \mid X_{k-1}, z_k\right) = p\left(X_k \mid X_{k-1}, Z_{1:k-1}\right) = p\left(X_k \mid X_{k-1}\right) \tag{6.5.21}$$

将建议密度函数代入式（3.4.17）可知，权重的计算公式仅剩下似然函数 $p\left(z_k \mid X_k^i\right)$ 一项，因此该方法具有计算简洁的特点，称为 Bootstrap 方法。此时权重的计算公是简化为：

$$\omega_k^i \propto \omega_{k-1}^i p\left(z_k \mid X_k^i\right) \tag{6.5.22}$$

该方法的缺点是建议密度函数未包含新的观测信息，当观测传感器精度非常高，即 $p\left(z_k \mid X_k^i\right)$ 的值将很小时，或者观测数据发生突变时，粒子集就会产生退化现象，甚至可能导致滤波的发散。

解决粒子退化现象的办法是对粒子和相应权重表示的概率密度函数重新采样，即在保持粒子总数不变的情况下，减少权值较小的粒子，对权值较大的粒子进行多次复制，通常采用的重采样方法是随机采样方法。显然，由于重采样过程只是对权值较大的粒子进行简单的复制，因此降低了粒子的多样性，同时重采样过程也是以牺牲计算量和鲁棒性来降低粒子退化现象的。

为了解决粒子滤波算法中出现的权重退化和粒子多样性匮乏的现象，出现了许多针对状态空间模型的改进算法，如辅助粒子滤波算法、高斯和粒子滤波方法、Unscented 粒子滤波方法等改进算法。6.5.3 节中将使用遗传算法改进粒子滤波算法，解决常规粒子算法中存在的粒子权值退化和粒子多样性匮乏的问题。

6.5.3　基于遗传算法的改进粒子滤波算法

6.5.3.1　遗传算法的基本原理

遗传算法是模拟生物在自然环境中的遗传和进化过程而形成的一种自适应全局概率搜索算法。它最早由美国密执安大学的 Holland 教授提出，起源于 20 世纪 60 年代对自然和人工自适应系统的研究。70 年代 De Jong 采用基于遗传算法的思想在计算机上进行了大量的纯数值函数优化计算试验。在一系列研究工作的基础上，80 年代由 Goldberg 进行归纳总结，形成了遗传算法的基本框架。

基本遗传算法（Simple Genetic Algorithm，SGA）可定义为一个 8 元组 $SGA=\left\{C, E, P_0, M, \varPhi, \varGamma, \varPsi, T\right\}$ 分别表示个体的编码方法、个体适应度评价函数、初始群体、群体大小、选择算子、交叉算子、变异算子、遗传算法终止条件。基本遗传算法的搜索过程可描述为[220,221]：

步骤 1：初始化群体，确定循环终止条件。

步骤 2：选择合适的适应度函数。

步骤 3：进行选择运算。

步骤 4：个体之间以一定的概率进行交叉运算。

步骤 5：个体以一定的概率进行变异运算。

步骤 6：若循环终止条件满足，退出搜索过程；否则返回步骤 3。

6.5.3.2 应用遗传算法改进粒子滤波算法

本小节参照上述步骤，选用关于观测预测值与实际观测值的适应度函数作为评价标准，根据适应度函数的值确定初始粒子群中的优良个体以及被选择的次数[222-224]；而后对被选定的个体进行交叉和变异操作，改进后的粒子滤波算法的伪代码如下所示[225]。

Step 1:

construct the particle set $\left\{X_0^i, 1/N\right\}$ $i=1,2,\cdots,N$, and termination condition T

WHILE($t \leqslant T$)

Step 2:

FOR $i=1,2,\cdots,N$

particles predication and weights predication

END FOR

Step 3:

construct $p(k)=\left\{X_k^j, \omega_k^j\right\}$ $j=1,2,\cdots,N_{eff}$ according to descended weights

step 4:

FOR $j=1,2,\cdots,N_{eff}$

$$\text{fitness} = \exp\left\{-\frac{\left(z_{\text{measurement}} - z_{\text{predication}}\right)^2}{2R}\right\}$$

END FOR

step 5:

FOR $j=1,2,\cdots,N_{eff}$

selection operation to $p(k)$

END FOR

step 6:

FOR $i=1,2,\cdots,N$

crossover operation to $p(k)$ and form $p(k)'$

END FOR

step 7:

FOR each particle $j=1,2,\cdots,N$

mutation operation to $p(k)'$

END FOR

step 8:

FOR $j = 1, 2, \cdots, N$

new swarm $p(k+1) = p(k)'$

new particle set $\left\{ X_w^l, \omega_w^l \right\} = \left\{ P(k+1), 1/N \right\}$ $l = 1, 2, \cdots, N$

END FOR

step 9:

$t = t + 1$

END WHILE

算法的各个步骤解释如下：

步骤1：根据状态分布情况产生 N 个权重相等的粒子 X_k^i 以及循环终止条件；状态的分布既可以是高斯分布又可以是非高斯分布。

步骤2：根据式（3.4.15）、式（3.4.22）预测样本和更新权重：

$$X_{k,k-1}^i = f\left(X_{k-1,k-1}^i, \omega_{k-1} \right) \tag{6.5.23}$$

$$\omega_k^i = \omega_{k-1}^i p\left(z_k \mid X_k^i \right) \tag{6.5.24}$$

步骤3：计算有效样本数 N_{eff}，并根据权重大小对粒子进行排序，得到有效样本集，形成群体 $p(k)$，此时称有效样本集中的粒子为个体。

步骤4：将最新的观测量引入采样过程中去，确定适应度函数，如式（6.5.25）所示；根据选定的适应度函数，分别计算个体的适应度值。

$$\text{fitness} = \exp\left[-\frac{\left(z_{\text{measurement}} - z_{\text{predication}} \right)^2}{2R} \right] \tag{6.5.25}$$

步骤5：根据适应度函数值，确定比例选择算子 $\beta(i)$，确定 $P(k)$ 中个体被选择的次数，选择次数与适应度值大小成正比。

$$\beta(i) = \frac{\text{fitness}(i)}{\sum_{i=1}^{N_{\text{eff}}} \text{finess}(i)} \quad (i = 1, 2, \cdots, N_{\text{eff}}) \tag{6.5.26}$$

步骤6：个体随机配对，对应位元素进行交叉，并将交叉的结果扩展到整个群体。

步骤7：个体对应位元素进行变异操作，采用均匀变异算子 X_k'，替代对应位的原有值，r 为服从 $[0,1]$ 均匀分布的随机数。

$$X_k' = U_{\min}^k + r \cdot \left(U_{\max}^k - U_{\min}^k \right) \tag{6.5.27}$$

步骤8：根据上述步骤，可以确定出新一代的群体 $P(k+1)$，为保证个体权重的方差最小，将每一个个体的权重值置为$1/N$。

步骤 9：将循环条件加 1，若满足终止条件，则退出循环；否则返回步骤 2。

通过上述分析可以看出，改进后的粒子滤波算法具有如下特点：

（1）通过适应度函数，将最新的观测量引入算法中，可以将有效粒子的范围集中到适应度较高的空间中，提高了搜索效率，使得状态估计值接近全局最优估计值。

（2）优化的过程针对整个粒子集，而不是针对某一个单一粒子。再采样过程不再是对某些权重较大的粒子进行简单的复制，而是通过选择、交叉和变异等一系列操作，保证了样本的多样性，增加了算法的鲁棒性，这样产生出来的新一代群体，包含了更多的群体的重要信息。

（3）新一代群体确定后，为每一个体分配了相等的权重，可以保证权值方差最小。

（4）运算量没有明显的增加。

6.5.3.3　仿真试验及分析

目标采用匀速转弯模型，转弯率 $w = 0.02$，采用多观测站对目标进行观测，初始误差均方差矩阵同仿真态势 2，系统噪声 w_k 服从均值为 0、方差为 1m 的高斯分布，观测噪声 v_k 也服从均值为 0、方差为 1m 的正态分布，且系统噪声、观测噪声互不相关。仿真粒子数设为 100，共进行了 100 次仿真，仿真时间间隔为 $T = 1\text{s}$。仿真结果如图 6-14 和图 6-15 所示。

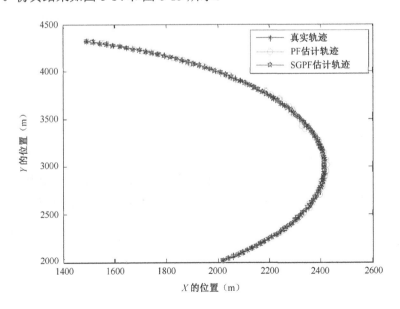

图 6-14　跟踪曲线

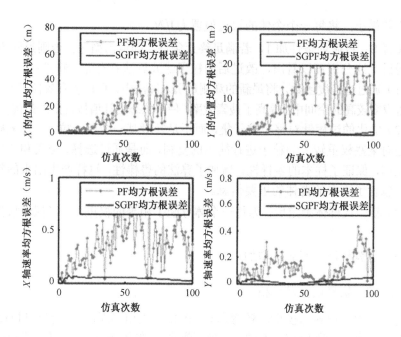

图 6-15 待估变量的 RMSE

6.5.3.4 遗传算子对改进算法性能的影响

由于改进粒子滤波算法的性能受到选择算子、交叉算子及变异算子的共同影响，因此合理地选择算子对改进算法性能起到重要的作用。

仿真态势：典型验证粒子滤波算法性能的非线性方程

设系统方程为：

$$\begin{cases} x_k = 0.5x_{k-1} + 25\dfrac{x_{k-1}}{1+x^2_{k-1}} + 8\cos\left[1.2\times(k-1)\right] + \omega_k \\ y_k = \dfrac{1}{20}x^2_k + v_k \end{cases} \tag{6.5.28}$$

该模型是研究粒子滤波算法的标准模型之一。式中，w_k 与 v_k 为均值为 0、方差为 1 的高斯白噪声，初始概率密度函数为 $N(0,1)$，粒子数为 50，仿真次数为 50，定义 $\text{RMSE} = \sqrt{\dfrac{1}{N}\sum_{i=1}^{N}(x-\hat{x})^2}$，式中 x 表示真实值，$\hat{x}$ 表示估计值。如只对粒子进行选择操作，RMSE=13.7020；如果使用三种算子，RMSE=3.2711，仿真结果如图 6-16 所示。

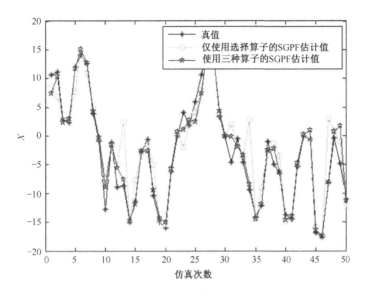

图 6-16　算子对改进算法性能的影响

仿真试验表明,综合使用三种算子的算法性能好于单一使用选择算子的算法性能。如果单一使用选择算子,会导致适应度函数值较高的粒子的大量繁殖,如不进行交叉、变异操作会降低粒子的多样性,某些情况下会造成算法的发散;如果只选用选择算子和交叉算子,随着进化过程的延长,也会出现粒子多样性测度降低为 0 的情况;只有综合使用三种算子,可以保证粒子的多样性测度降低到一定水平之后保持不变,粒子的进化过程持续进行,进而得到状态估计的最优解。此外,在设计算子时必须考虑算法的实际应用模型。

6.5.4　基于简化入侵式野草优化理论的改进粒子滤波算法

本节主要介绍了入侵式野草优化理论,并在此基础上提出了改进粒子滤波算法,目的是通过选择更优的重要密度函数(适应度函数),解决标准粒子滤波粒子权重退化的问题。

6.5.4.1　入侵式野草优化理论

2006 年 Mehrabian 和 Lucas 提出了入侵式野草优化理论[226](Invasive Weed Optimization,IWO),旨在通过模拟野草的殖民化过程解决多维无线性约束和非线性约束的单目标连续数值优化问题,目前已在图像聚类、基站选址等领域得到了应用[227-235]。

IWO 算法流程图如图 6-17 所示。

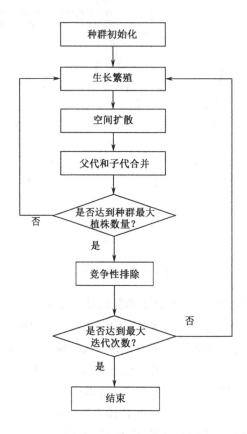

图 6-17　IWO 算法流程图

图中初始化、生长繁殖、空间分布及竞争性排除 4 个步骤具体描述如下 [236,237]：

（1）种群初始化。初始化参数并按函数定义域要求随机产生初始种群。

（2）生长繁殖。杂草个体根据自身适应度值、种群中最大和最小适应度值产生种子个数 N_{seed}，其计算公式为：

$$N_{seed} = \frac{F_i - F_{min}}{F_{max} - F_{min}}(N_{max} - N_{min}) + N_{min} \qquad (6.5.29)$$

式中，F_i 为当前野草适应值；F_{max} 和 F_{min} 为常数，分别表示种群中所有植株适应度值的最大值与最小值；N_{max} 表示单个野草产生种子数的最大值；N_{min} 表示单个野草产生种子数最小值。该式表明，尽管种群中野草的适应度值大小不同，但都有产生种子进行生存与繁殖的可能性，种子繁殖方法如图 6-18 所示。

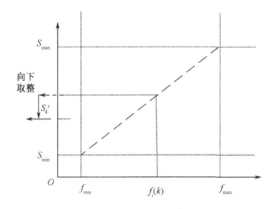

图 6-18　野草算法种子繁殖方法

（3）空间扩散。假设第 i 次迭代后产生的种子在父代杂草个体附近以正态分布 $N(0, \sigma_i^2)$ 随机地扩散，该种子称为子代。进化中第 i 代的标准差 σ_i 的计算公式为：

$$\sigma_i = (\frac{\text{iter}_{\max} - \text{iter}}{\text{iter}_{\max}})^n (\sigma_0 - \sigma_{\text{final}}) + \sigma_{\text{final}} \tag{6.5.30}$$

式中，$\text{iter}_{\max}$ 表示最大代数；iter 表示当前代数；n 为非线性调和指数，一般取为 3。

（4）适者生存。每次繁殖迭代后，种群数量将有可能超过环境资源的承受力，这时可以通过设置最大种群数目 $P_{\max}$ 来控制种群数量。

6.5.4.2　应用简化入侵式野草优化改进粒子滤波算法

IWO 算法在进化过程中通过计算个体的适应度值选取优秀个体进行繁殖进化，这与粒子滤波算法中通过计算粒子的权重选择优秀个体是相似的，因此可以将 IWO 中野草个体适应度值与 PF 中粒子权重相对应。

令 k 时刻第 i 个粒子的适应度值为：

$$F_i = \frac{1}{\sqrt{2\pi R}} \mathrm{e}^{-(z_k - \hat{z}_{k|k-1})^2 / 2R} \tag{6.5.31}$$

式中，z_k 为观测值；$\hat{z}_{k|k-1}$ 为预测观测值。这样，就可以根据适应度值的大小排序选取适应度值较大的粒子，既保证了粒子集在不断进化过程中必须保持粒子多样性的要求，又达到了跟踪适应度较优的粒子从而提高定位与跟踪精度的目的。

文献[238]首次将入侵式野草优化理论应用在粒子滤波的改进中，但是在纯距离系统实际应用中，如水下声学传感器网络定位跟踪中，初始粒子一般选取几百个，这种情况下一般 2 或 3 次迭代后，就会达到最大种群数目，此时重复判断是否达到最大种群数目没有实际意义，还会增加算法的计算量。因此，可以对入侵式野草优化理论进行简化，设定每次迭代后选取的有效粒子数恒等于初始粒子数，在保证粒子多样性的同时选取适应度值高的粒子，提高了算法精度，同时省略了利用最大种群数目控制粒子数量的步骤，减小了计算粒子适应度值的基数，提高了算法的运算速率。

粒子滤波算法的基本步骤如下：

步骤 1：初始化。$k=0$ 从先验参考分布 $p(X_0)$ 中抽取 N 个粒子 X_k^i，即 $\{x_0^{(i)}\}_{i=1}^N \propto p(x_0)$，令权值 $\omega_0^{(i)} = \dfrac{1}{N}, i=1,2,\cdots,N$。

步骤 2：通过状态方程将采样点形成新的粒子分布 $X_{k,k-1}^i$，即

$$X_{k,k-1}^i = f(X_{k-1,k-1}^i, \omega_{k-1}) \tag{6.5.32}$$

步骤 3：根据 k 时刻的观测值，计算粒子权重，有

$$\omega_k^i = \omega_{k-1}^i \frac{p(z_k|X_k^i)p(X_k^i|X_{k-1}^i)}{q(X_k^i|X_{k-1}^i, z_k)} \tag{6.5.33}$$

步骤 4：权重归一化，有

$$\omega_k^{i*} = \frac{\omega_k^i}{\displaystyle\sum_{i=1}^N \omega_k^i} \tag{6.5.34}$$

步骤 5：根据更新的粒子集 $\{X_k^i, \omega_k^i\}$，计算状态估计值和方差，有

$$\hat{X}_k = E(X_k|Z_{1:k-1}) = \int X_k p(X_k|Z_{1:k})\mathrm{d}X_k \approx \sum_{i=1}^N \omega_k^i X_k^i \tag{6.5.35}$$

$$P_k = \sum_{i=1}^N \omega_k^i X_k^i (X_k^i)^{\mathrm{T}} - \hat{X}_k (\hat{X}_k)^{\mathrm{T}} \tag{6.5.36}$$

基于简化入侵式野草优化的改进粒子滤波算法（Simple Invasive Weed Optimization Particle Filter，SIWOPF）步骤如下[239]：

步骤 1：根据状态分布情况产生初始粒子 x_k^i，$i=1,2,\cdots,N$，N 为设定的初始粒子数。

步骤 2：根据式（6.5.31）计算每个粒子权值 F_i。

步骤 3：根据式（6.5.29）、式（6.5.30）计算每个粒子 x_k^i 可产生的种子数 N_{seed} 和标准方差 σ_{iter}，将每个粒子 x_k^i 产生的种子按 $N(0, \sigma_{\mathrm{iter}}^2)$ 分布在父代 x_k^i 附近。

步骤 4：根据式（6.5.31）计算子代的权值。

步骤 5：子代与父代合并，将所有粒子按适应度值降序排列，选取前 N 个粒子再次进行繁殖迭代，直至迭代次数等于 $\text{iter}_{\max}$。

步骤 6：状态估计 $x_k = \sum w_i x_k^i$，式中 $w_i = \dfrac{F_i}{\sum F_i}$。

步骤 7：粒子更新 $x_{k+1}^i = \Phi \cdot x_k^i + U(k)$。

步骤 8：重复步骤 2～步骤 7，直至仿真结束。

SWIOPF 算法流程图如图 6-19 所示。

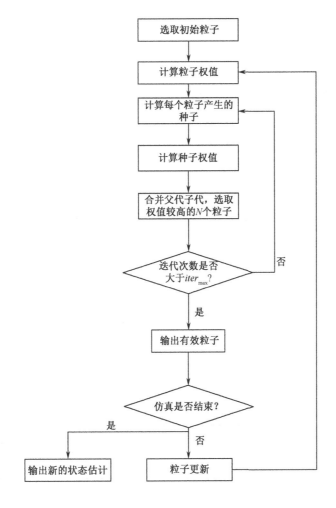

图 6-19　SWIOPF 算法流程图

通过上述分析可以看出，改进粒子滤波算法具有以下特点：

（1）通过引入入侵式野草优化理论中种群繁殖迭代的概念，避免了采样过程是对某些权值较大的粒子的简单复制，增加了粒子的多样性，使得优化的过程针对整个粒子集，而不是某一个单一粒子。

（2）通过适应度函数将观测量引入算法中，然后通过计算粒子权值优先选取适应度值高的粒子，保证了粒子的有效性，提高了算法的精度。

（3）通过适当增大初始粒子数、同时限制初始粒子数与最大种群数量相等的方法，简化了粒子繁殖迭代及粒子权值的计算基数，有效减少了算法运算量，保证时效性。

6.5.4.3 仿真试验及分析

仿真态势 1：典型非线性方程

系统方程为：

$$\begin{cases} x_k = 0.5x_{k-1} + 25\dfrac{x_{k-1}}{1+x_{k-1}^2} + 8\cos[1.2\times(k-1)] + w_k \\ y_k = \dfrac{1}{20}x_k^2 + v_k \end{cases}$$

该模型是研究粒子滤波的标准模型之一。式中，w_k 和 v_k 为均值为 0、方差为 1、相互独立的高斯白噪声，初始概率密度函数为 $N(0,1)$，初始值 $x = 0.1$，初始方差 $P = 1$，粒子数为 100，试验参数设置如表 6-1 所示。定义 $\mathrm{RMSE} = \sqrt{\dfrac{1}{N}\sum_{i=1}^{N}(x-\hat{x})}$，式中 N 为迭代步数，x 表示第 N 步迭代时的真实值，$\hat{x}$ 表示第 N 步迭代时的估计值，用来评价算法定位性能；定义平均有效样本数 $\bar{N}_{eff} = \dfrac{1}{N}\mathrm{round}(1/\sum_{i=1}^{N}(w_k^i)^2)$，用来评价样本集贫化现象改善的情况，式中 round 为整数取整运算。仿真结果如图 6-20 所示，如表 6-2 所示。

表 6-1 仿真参数 1

iter_{max}	σ_0	σ_{final}	N_{max}	N_{min}	N_0	n	P_{max}
10	1	0.001	8	2	100	3	100

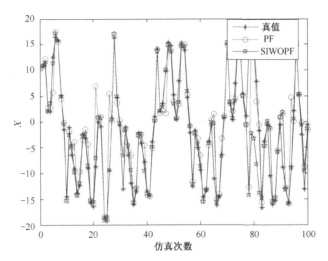

图 6-20　PF 算法和 SIWOPF 算法的状态估计曲线

表 6-2　算法性能比较

算法	RMSE		平均有效样本
	均值	方差	
PF	0.801	1.214	12.125
SIWOPF	0.547	0.681	29.264

　　由图 6-20 可知，仿真结果表明：在对目标的定位与跟踪过程中，PF 算法有时会偏离比较严重，而 SIWOPF 算法则比较稳定，说明 SIWOPF 算法估计精度较 PF 有了很大的提高，其原因在于 SIWOPF 算法考虑了实时观测信息，并将其融入适应度函数求解过程中，使得算法波动更小。

　　由表 6-2 可知，SIWOPF 算法有效改善了 PF 算法样本集匮乏的缺陷，其原因在于 SIWOPF 引入了繁殖迭代的思想，提高了粒子的多样性。

仿真态势 2：目标匀速直线运动

　　假设目标做匀速直线运动，初始位置坐标为 $(2000\mathrm{m}, 2000\mathrm{m})$，航向角 $K_w = \pi/4$，速度 $v_x = 20\mathrm{m/s}$，$v_y = 20\mathrm{m/s}$。3 个静止观测站的位置坐标分别为 $(1000\mathrm{m}, 1000\mathrm{m})$，$(500\mathrm{m}, 1500\mathrm{m})$，$(3000\mathrm{m}, 2000\mathrm{m})$。粒子数为 500，共进行 100 次观测，观测时间间隔为 $\Delta T = 1\mathrm{s}$，系统噪声与观测噪声均服从均值为 0、方差为 1m 的高斯分布，且系统噪声与观测噪声互不相关，初始误差均方差矩阵为

$$\boldsymbol{P}_0 = \begin{bmatrix} 1 & 0 & 0 & 0 \\ 0 & 0.5 & 0 & 0 \\ 0 & 0 & 1 & 0 \\ 0 & 0 & 0 & 0.5 \end{bmatrix}$$

采用均方根误差来表示目标定位与跟踪的精度，IWOPF、SIWOPF 的试验参数如表 6-3 所示，式中 P_{max} 表示 IWOPF 算法的最大种群数目，其余参数为 IWOPF 与 SIWOPF 算法的共有参数，仿真结果如图 6-21、图 6-22、表 6-4 所示。

表 6-3　仿真参数 2

$iter_{max}$	σ_0	σ_{final}	N_{max}	N_{min}	P_{max}	N_0	n
10	1	0.001	8	2	5000	500	3

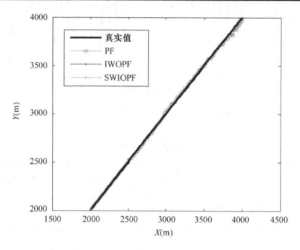

图 6-21　跟踪曲线

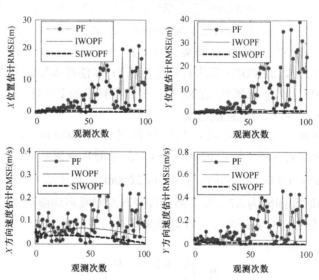

图 6-22　RMSE 比较

表6-4　算法性能比较

算法	RMSE-X(m)	RMSE-Y(m)	RMSE-V_x(m/s)	RMSE-V_y(m/s)	运行时间（s）
PF	8.2595	5.0396	0.1826	0.0669	0.9215
IWOPF	3.7122	2.6494	0.0613	0.0592	3.9206
SIWOPF	1.1608	1.1198	0.0331	0.0076	1.2783

由图 6-21 可以看出，PF、IWOPF、SIWOPF 三种算法均能实现对目标的有效跟踪，但由图 6-22 和表 6-4 可知，SIWOPF 算法的误差最小，估计精度最佳。在算法运行速率方面，IWOPF 算法用时最长，由于 SIWOPF 算法改进了 IWOPF 算法中需要通过最大种群数目控制粒子数量的步骤，减少了计算基数，运行时间减少，更能满足纯距离系统目标定位与跟踪中实时性的要求。

在仿真态势 2 的条件下，对 SIWOPF 与 PF 算法比较进行 100 次仿真试验，仿真试验结果与前面一次仿真试验结果基本一致。为方便观察，仅将前 10 次仿真试验的结果图画出，如图 6-23 所示。图中"o"表示 SIWOPF 算法，"—"表示 PF 算法。

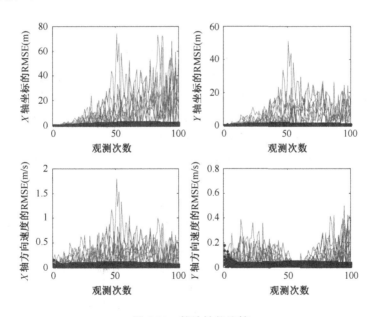

图 6-23　算法性能比较

仿真结果表明，SIWOPF 算法适用于纯距离目标定位与跟踪，定位与跟踪精度优于 PF、IWOPF 算法，且在运行速率方面，优于 IWOPF 算法。

第7章

静止多站站址布局优化研究

7.1 引言

由第 5 章和第 6 章研究结论可知,静止多站纯距离系统对目标定位与跟踪的精度不仅依赖于观测站测距精度及定位算法,而且与静止多站站址布局之间的几何关系紧密相关。因此,研究静止多站站址布局对目标定位精度的影响,在观测站数量受限的情况下,通过合理布局各观测站之间的几何位置关系来提高对目标的定位性能,是站址布局优化研究的主要目的。

目前有关观测站站址布局的研究主要是针对 DOA 系统和 TDOA 系统,主要是通过分析定位误差 GDOP 的分布来对站址布局展开讨论[107,108],已经取得较为丰富的结论。但是对纯距离系统站址布局的研究比较少,国防科技大学的孙仲康研究了只用距离信息进行定位的 $(T/R)^n$ 型多基地定位系统的站址布局对定位精度的影响[9],并未对站址布局的优化问题进行研究。而关于站址布局优化的研究,文献[240]采用 $GDOP_{min}$ 最小为最优准则,比较了采用径向距离、距离和及距离差定位的多传感器布局的定位精度,得出了径向距离的最优定位精度优于其他两种定位方法。但是,仅以受控区域内 $GDOP_{min}$ 最小作为最优准则较为片面,有可能会出现在某种布站方式下,$GDOP_{min}$ 虽然最小,但 GDOP 值在区域内变化很快的情况发生,进而导致整个受控区域定位精度不高。

本章主要研究静止多站站址几何布局对目标定位精度的影响,对站址布局进行优化分析。

7.2　定位误差分析

由 5.2 节可知，多站观测方程为 $r_i = \sqrt{(x_{si} - x)^2 + (y_{si} - y)^2}$，$i = 1, 2, \cdots, n$，对 r_i 求微分，可得

$$
\begin{aligned}
\mathrm{d}r_i &= (r_i^2)^{-\frac{1}{2}}(x - x_{si})(\mathrm{d}x - \mathrm{d}x_{si}) + (r_i^2)^{-\frac{1}{2}}(y - y_{si})(\mathrm{d}y - \mathrm{d}y_{si}) \\
&= \frac{x - x_{si}}{r_i}\mathrm{d}x + \frac{y - y_{si}}{r_i}\mathrm{d}y - \left[\frac{x - x_{si}}{r_i}\mathrm{d}x_{si} + \frac{y - y_{si}}{r_i}\mathrm{d}y_{si}\right]
\end{aligned}
\tag{7.2.1}
$$

令

$$
c_{i1} = \frac{x - x_{si}}{r_i}, \quad c_{i2} = \frac{y - y_{si}}{r_i}, \quad k_i = \frac{x - x_{si}}{r_i}\mathrm{d}x_{si} + \frac{y - y_{si}}{r_i}\mathrm{d}y_{si}
$$

则式（7.2.1）可以简化为

$$
\mathrm{d}r_i = \begin{bmatrix} c_{i1} & c_{i2} \end{bmatrix}\begin{bmatrix} \mathrm{d}x \\ \mathrm{d}y \end{bmatrix} + k_i
\tag{7.2.2}
$$

即

$$
\begin{bmatrix} \mathrm{d}r_1 \\ \vdots \\ \mathrm{d}r_n \end{bmatrix} = \begin{bmatrix} c_{11} & c_{12} \\ \vdots & \vdots \\ c_{n1} & c_{n2} \end{bmatrix}\begin{bmatrix} \mathrm{d}x \\ \mathrm{d}y \end{bmatrix} + \begin{bmatrix} k_1 \\ \vdots \\ k_n \end{bmatrix}
\tag{7.2.3}
$$

或写成

$$
\mathrm{d}V = C\mathrm{d}X + \mathrm{d}X_s
\tag{7.2.4}
$$

式中

$$
\mathrm{d}V = \begin{bmatrix} \mathrm{d}r_1 \\ \vdots \\ \mathrm{d}r_n \end{bmatrix}, \quad C = \begin{bmatrix} c_{11} & c_{12} \\ \vdots & \vdots \\ c_{n1} & c_{n2} \end{bmatrix}, \quad \mathrm{d}X = \begin{bmatrix} \mathrm{d}x \\ \mathrm{d}y \end{bmatrix}, \quad \mathrm{d}X_s = \begin{bmatrix} k_1 \\ \vdots \\ k_n \end{bmatrix}
$$

由伪逆法可解的目标的定位误差估计值为

$$
\mathrm{d}\hat{X} = (C^{\mathrm{T}}C)^{-1}C^{\mathrm{T}}[\mathrm{d}V - \mathrm{d}X_s]
\tag{7.2.5}
$$

令

$$
B = (C^{\mathrm{T}}C)^{-1}C^{\mathrm{T}} = \begin{bmatrix} b_{11} & b_{12} & \cdots & b_{1n} \\ b_{21} & b_{22} & \cdots & b_{2n} \end{bmatrix}
$$

则误差协方差矩阵为

$$\boldsymbol{P}_{\mathrm{d}\hat{x}} = E[\mathrm{d}\hat{\boldsymbol{X}}\mathrm{d}\hat{\boldsymbol{X}}^{\mathrm{T}}] = \boldsymbol{B}\left\{E[\mathrm{d}\boldsymbol{V}\mathrm{d}\boldsymbol{V}^{\mathrm{T}}] + E[\mathrm{d}\boldsymbol{X}_s\mathrm{d}\boldsymbol{X}_s^{\mathrm{T}}]\right\}\boldsymbol{B}^{\mathrm{T}} \tag{7.2.6}$$

假设各站址测量误差互不相关，测量误差也互不相关，则

$$E[\mathrm{d}\boldsymbol{V}\mathrm{d}\boldsymbol{V}^{\mathrm{T}}] = \mathrm{diag}[\sigma_{r1}^2, \cdots, \sigma_{rn}^2] \tag{7.2.7}$$

式中，σ_{ri} 为各观测站测距误差。

$$E[\mathrm{d}\boldsymbol{X}_s\mathrm{d}\boldsymbol{X}_s^{\mathrm{T}}] = E\left[\begin{pmatrix} c_{11}\mathrm{d}x_{s1} + c_{12}\mathrm{d}y_{s1} \\ \vdots \\ c_{n1}\mathrm{d}x_{sn} + c_{n2}\mathrm{d}y_{sn} \end{pmatrix}(c_{11}\mathrm{d}x_{s1} + c_{12}\mathrm{d}y_{s1} + \cdots + c_{n1}\mathrm{d}x_{sn} + c_{n2}\mathrm{d}y_{sn})\right]$$

$$= \mathrm{diag}[c_{11}\sigma_{xs1}^2 + c_{12}\sigma_{ys1}^2, \cdots, c_{n1}\sigma_{xsn}^2 + c_{n2}\sigma_{ysn}^2]$$

假设站址误差各分量的标准差是相同的，即 $\sigma_{xsi}^2 = \sigma_{ysi}^2 = \sigma_s^2, i = 1, 2, \cdots, n$，则

$$E[\mathrm{d}\boldsymbol{X}_s\mathrm{d}\boldsymbol{X}_s^{\mathrm{T}}] = \mathrm{diag}[\sigma_s^2, \cdots, \sigma_s^2] = \sigma_s^2\boldsymbol{I}_n \tag{7.2.8}$$

将式（7.2.7）、式（7.2.8）代入式（7.2.6）可得：

$$\boldsymbol{P}_{\mathrm{d}\hat{x}} = \begin{bmatrix} b_{11} & b_{12} & \cdots & b_{1n} \\ b_{21} & b_{22} & \cdots & b_{2n} \end{bmatrix} \begin{bmatrix} \sigma_s^2 + \sigma_{r1}^2 & & \\ & \ddots & \\ & & \sigma_s^2 + \sigma_{rn}^2 \end{bmatrix} \begin{bmatrix} b_{11} & b_{21} \\ b_{12} & b_{22} \\ \vdots & \vdots \\ b_{1n} & b_{2n} \end{bmatrix}$$

$$= \begin{bmatrix} \displaystyle\sum_{i=1}^{n} b_{1i}^2(\sigma_s^2 + \sigma_{ri}^2) \\ \displaystyle\sum_{i=1}^{n} b_{2i}^2(\sigma_s^2 + \sigma_{ri}^2) \end{bmatrix} \tag{7.2.9}$$

$$= \begin{bmatrix} \sigma_x^2 \\ \sigma_y^2 \end{bmatrix}$$

定位精度用 ε 表示

$$\varepsilon = \mathrm{GDOP} = \sqrt{tr[\boldsymbol{P}_{\mathrm{d}\hat{x}}]} = \sqrt{\sigma_x^2 + \sigma_y^2} \tag{7.2.10}$$

由式（7.2.9）、式（7.2.10）可以看出，定位精度 ε 不仅与各观测站站址误差及距离量测误差的标准差有关，还与观测站的几何位置布局有关。因此，可以通过分析受控区域内 GDOP 分布情况，研究系统的最优站址布局。

由 5.3 节结论可知，在不考虑目标与静止多站共线的特殊情况下，多站数量 $n \geq 3$ 且至少有 3 站不共线时，才能满足多站纯距离系统的可观测性条件，因此，为了讨论问题的方便且不失一般性，本书主要以三站为例，讨论三站不同站址布局对目标定位误差的影响。

7.3　三站站址布局模型

7.3.1　观测站相对位置对定位精度的影响

假设监控区域为一矩形区域 $x \times y$，$x = [-150\text{km}:150\text{km}]$，$y = [-150\text{km}:150\text{km}]$，观测站站址坐标如表 7-1 所示，三站几何布局示意图如图 7-1～图 7-5 所示。

表 7-1　观测站不同站址布局的位置坐标（单位：km）

R_1 站址坐标	R_2 站址坐标	R_3 站址坐标	站址布局	示意图
(50, 0)	(-50, 0)	(0, -50)	等腰三角形（一）	图 7-1
(50, 0)	(-50, 0)	(0, -86.6)	等边三角形	图 7-2
(50, 0)	(-50, 0)	(-29.678, -40.121)	偏三角形	图 7-3
(100, 0)	(-100, 0)	(0, -20)	等腰三角形（二）	图 7-4
(20, 0)	(-20, 0)	(0, -100)	等腰三角形（三）	图 7-5

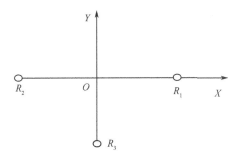

图 7-1　三站成等腰三角形（一）

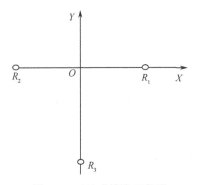

图 7-2　三站成等边三角形

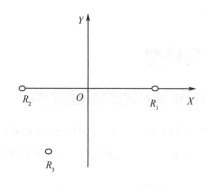

图 7-3　三站成偏三角形

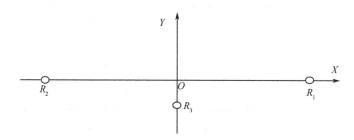

图 7-4　三站成等腰三角形（二）

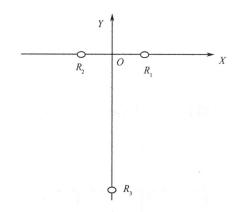

图 7-5　三站成等腰三角形（三）

假设站址误差 $\sigma_s = 10\text{m}$，测距误差 $\sigma_{si} = 50\text{m}$，$i = 1,2,3$，目标高度 $z = 10\text{km}$。图 7-1 对应的站址布局对应的等 GDOP 分布图如图 7-6 所示。

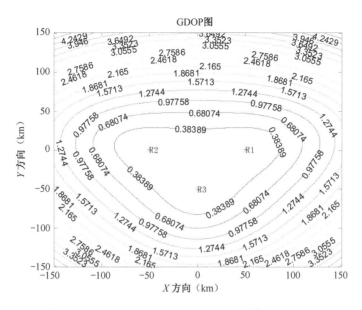

图 7-6　三站成等腰三角形（一）布局时的等 GDOP 分布

　　若拉开观测站 R_3 与观测站 R_1、R_2 之间的距离，使三站成等边三角形，站址布局如图 7-2 所示，其余条件不变，此时等 GDOP 分布图如图 7-7 所示。

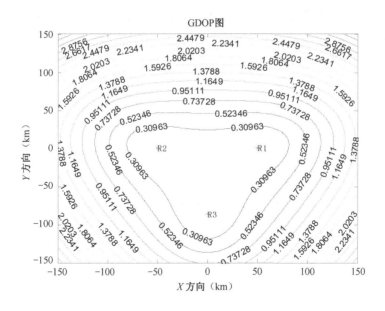

图 7-7　三站成等边三角形布局时的等 GDOP 分布

改变观测站 R_3 位置坐标，使三站成偏三角形分布，站址布局如图 7-3 所示，此时的等 GDOP 分布图如图 7-8 所示。

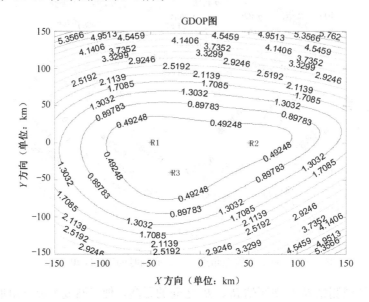

图 7-8　三站成偏三角形布局时的等 GDOP 分布

若在保持三站成等腰三角形的前提下，拉远观测站 R_1、R_2 之间的距离，站址布局如图 7-4 所示，其余条件不变，等 GDOP 分布图如图 7-9 所示。

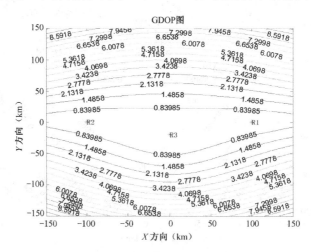

图 7-9　三站成等腰三角形（二）布局时的等 GDOP 分布

若在保持三站成等腰三角形的前提下，拉近观测站 R_1、R_2 之间的距离，拉远 R_3 的距离，站址布局如图 7-5 所示，其余条件不变，等 GDOP 分布图如图 7-10 所示。

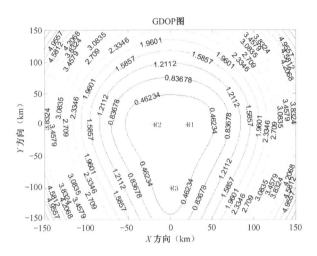

图 7-10　三站成等腰三角形（三）布局时的等 GDOP 分布

7.3.2　测距误差对定位精度的影响

观测站站址布局如图 7-1 所示，减小测距误差，$\sigma_{si} = 10\mathrm{m}$，其余条件不变，等 GDOP 分布图如图 7-13 所示。

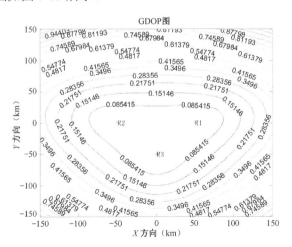

图 7-13　测距误差减小时三站成等腰三角形（一）布局的等 GDOP 分布

7.3.3 站址误差对定位精度的影响

观测站站址布局如图 7-1 所示，减小站址误差，$\sigma_s = 1\text{m}$，其余条件不变，等 GDOP 分布图如图 7-14 所示。

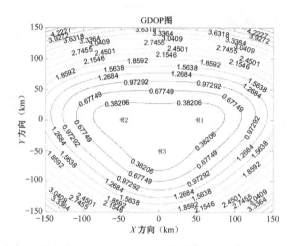

图 7-14 站址误差减小时三站成等腰三角形布局（一）的等 GDOP 分布

观测站站址布局如图 7-1 所示，增大站址误差，$\sigma_s = 20\text{m}$，其余条件不变，等 GDOP 分布图如图 7-15 所示。

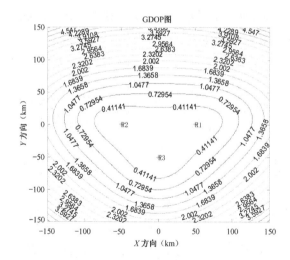

图 7-15 站址误差增大时三站成等腰三角形布局（一）的等 GDOP 分布

7.3.4　目标高度对定位精度的影响

观测站站址布局如图 7-1 所示，目标高度增加，$z=15$km，其余条件不变，等 GDOP 分布图如图 7-16 所示。

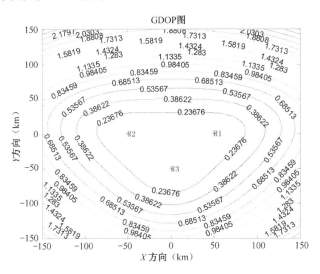

图 7-16　目标高度增加时三站成等腰三角形（一）布局的等 GDOP 分布

7.3.5　仿真分析

仿真结果表明：

（1）对各站址近区的目标定位精度较高，距离越远精度越低。

（2）站址之间距离较近时，等边三角形布局比等腰三角形布局对应的定位精度明显较高；等腰三角形布局比偏三角形布局对应的定位精度明显较高（比较图 7-5、图 7-6 与图 7-7）。

（3）若三站布局构成的三角形腰长远大于底边长度，即三角形有一内角远小于其他两个内角，整个受控区域的定位精度明显降低；反之，若三角形有一内角远大于其他两个内角，整个受控区域的定位精度也会明显较低（见图 7-9、图 7-10）。

（4）测距误差减小时，整个受控区域的定位精度明显提高，表明受控区域受测距误差的影响较大（比较图 7-6 与图 7-11）。

（5）站址误差减小时，整个受控区域的定位精度有所提高（比较图 7-6

与图 7-12、图 7-13)。

(6) 对高空目标的定位精度较高(比较图 7-6 与图 7-14)。

7.4 站址布局优化

7.4.1 站址布局优化问题的提出

7.3 节针对三站不同站址布局的 GDOP 整体分布情况进行了比较分析,结果表明不同站址布局对目标定位性能有很大影响。下面假设目标在(0,0)和(150,150)位置,分析不同站址布局对具体目标点的定位效果,如表 7-2 所示。

表 7-2 目标在(0,0)和(150,150)点的 GDOP 值

站址布局	GDOP(0,0)	GDOP(150,150)
等腰三角形(一)(图 7-1)	0.1951	4.8366
等边三角形(图 7-2)	0.1924	3.5171
偏三角形(图 7-3)	0.2032	6.2413
等腰三角形(二)(图 7-4)	0.4039	10.011
等腰三角形(三)(图 7-5)	0.1025	6.0790

由表 7-2 可知,对于目标点(0,0),图 7-2 和图 7-5 所示的站址布局均能取得较好的定位效果;对于目标点(150,150),图 7-2 所示的站址布局定位性能明显较好。由此可知,对于监控区域内的不同位置目标点,不同站址布局定位性能评估结论不同,因此,仅依靠分析区域内等 GDOP 值分布衡量站址布局的优劣,是较为片面的。

文献[241]提出使用 $GDOP_{min}$ 最小为优化目标,但仍存在满足 GDOP 取较小值的区域范围很小的问题,即有些布站方式的 $GDOP_{min}$ 虽然很小,但 GDOP 值可能在区域内变化很快,$GDOP_{max}$ 很大。通过仿真试验分析图 7-1~图 7-5 所示不同站址布局的 $GDOP_{min}$ 及 $GDOP_{max}$ 取值,仿真结果如表 7-3 所示。

表 7-3 不同站址布局下的 $GDOP_{min}$ 及 $GDOP_{max}$ 值

站址布局	$GDOP_{min}$	$GDOP_{max}$
等腰三角形(一)(图 7-1)	0.087	4.8366
等边三角形(图 7-2)	0.0958	3.5171
偏三角形(图 7-3)	0.0871	6.5727
等腰三角形(二)(图 7-4)	0.1939	10.5298
等腰三角形(三)(图 7-5)	0.1025	6.0790

由表 7-3 可以看出，图 7-3 所示的偏三角形布站方式 GDOP$_{min}$ 的值较小，但是其 GDOP$_{max}$ 远大于图 7-1、图 7-2 所示的站址布局，且由图 7-8 也可以看出，其 GDOP 分布在区域内变化较快；图 7-2 与图 7-5 所示的站址布局，GDOP$_{min}$ 的值相差很小，但 GDOP$_{max}$ 值相差近一倍，这也是由于图 7-5 所示站址布局的 GDOP 变化较快所致。因此，仅以 GDOP$_{min}$ 最小为优化目标也较为片面。

因此，本书把 $GDOP<1$ 的区域范围最大也增加为一个优化指标，这样在得到较理想的 GDOP$_{min}$ 的情况下，还可兼顾 GDOP 性能较好的范围较大。记 $GDOP<1$ 的区域范围为 $S(GDOP<1)$。7.3 节所讲的 5 种站址布局的定位性能如表 7-4 所列。

由表 7-4 可知，GDOP$_{min}$ 最小与 $S(GDOP<1)$ 最大有时不能同时取得，这时可以选取 $\dfrac{S(GDOP<1)}{GDOP_{min}}$ 最大作为衡量站址布局定位性能的评价指标。

以上研究是根据 7.3 节提出的几种常用的三站布站模式展开的，结果表明不同的站址布局对目标定位的性能是不同的，因此，在观测站数量和监控区域固定的情况下，研究站址优化布局，具有重要的理论和实践价值。

表 7-4　不同站址布局的定位性能

站址布局	GDOP$_{min}$	$S(GDOP<1)$
等腰三角形（一）（图 7-1）	0.087	34194
等边三角形（图 7-2）	0.0958	46076
偏三角形（图 7-3）	0.0871	29193
等腰三角形（二）（图 7-4）	0.1939	18307
等腰三角形（三）（图 7-5）	0.1025	27262

对于 TOA 定位系统，假设有 n 个观测站且每个观测站的观测精度相同，当这 n 个观测站成正多边形分布且目标恰好位于该正多边形的中心时，系统的 GDOP 值最小[241]。但在实际应用中，目标的真实位置是未知的，而且并不一定恰好在布站中心，因此需要建立新的优化模型，进一步研究多站站址布局优化问题。

7.4.2　站址布局优化模型

由 7.4.1 节分析可知，多观测站系统有效监控区域越大，GDOP$_{min}$ 越小，则定位性能越好。因此，可以选取 $S(GDOP<1)$ 最大和 GDOP$_{min}$ 最小作为优化模型的目标函数，再考虑定位性能评估范围、布站半径、数量限制等条件，建立布站

优化模型。

以布站中心为坐标原点，设观测站坐标为 $(x_{sk}, y_{sk}), k = 1, 2, \cdots, n$，目标坐标为 (x, y)，布站优化模型：

$$\max S(\text{GDOP} < 1) \tag{7.4.1}$$

$$\min \text{GDOP}_{\min} \tag{7.4.2}$$

$$\begin{cases} x_{\min} \leqslant x \leqslant x_{\max} \\ y_{\min} \leqslant y \leqslant y_{\max} \end{cases} (\text{定位性能评估范围}) \tag{7.4.3}$$

$$R = R_{\text{given}} (\text{布站半径}) \tag{7.4.4}$$

$$P_{\min} \leqslant P \leqslant P_{\max} (\text{布站总角度范围}) \tag{7.4.5}$$

$$x_{sk} = R \cos\left(\frac{P}{n} k\right) \tag{7.4.6}$$

$$y_{sk} = R \sin\left(\frac{P}{n} k\right) \tag{7.4.7}$$

$$\text{GDOP} = \sqrt{\sigma_x^2 + \sigma_y^2} \tag{7.4.8}$$

7.4.3　仿真试验及分析

仿真态势：

以三站纯距离定位系统为例，利用布站优化模型对其布站进行优化。假设布站半径为 100km，监控区域为一矩形区域 $x \times y$，$x = [-150\text{km} : 150\text{km}]$，$y = [-150\text{km} : 150\text{km}]$，布站优化搜索步长为 0.2π，布站分布角总和范围为 $0 \sim 2\pi$，站址误差 5m，各站测距误差相同，均为 50m。仿真结果如表 7-5 所示。

表 7-5　不同布站总角度的定位性能

$P(\pi)$	0.2π	0.4π	0.6π	0.8π	1π
$S(\text{GDOP}<1)$	1205	8021	17873	29018	40268
$\text{GDOP}_{\min}$	0.4453	0.1943	0.1341	0.1091	0.0967
$P(\pi)$	1.2π	1.4π	1.6π	1.8π	2π
$S(\text{GDOP}<1)$	52203	57378	65364	75800	75843
$\text{GDOP}_{\min}$	0.0902	0.0874	0.0874	0.09	0.0961

仿真结果表明：$S(\text{GDOP}<1)$ 值与布站分布角总和成正比，当布站分布角总和为 2π 时，$S(\text{GDOP}<1)$ 最大；但是，当布站分布角总为 1.4π 和 1.6π 时，$\text{GDOP}_{\min}$ 最小，即 $S(\text{GDOP}<1)$ 最大值与 $\text{GDOP}_{\min}$ 最小值不能同时取得。这里可以按照实

际需求折中选择布站方式，将目标函数转化为 $\max \dfrac{S(\mathrm{GDOP}<1)}{\mathrm{GDOP_{min}}}$，仿真结果如图 7-15 所示。

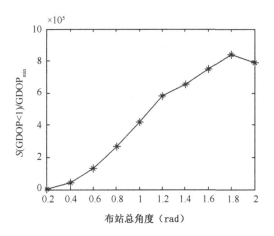

图 7-15　不同站址布局的 S(GDOP<1)/ GDOP$_{\min}$ 值

由图 7-15 可知，当布站总角度为 1.8π 时，获得最优的定位性能。

当三站布站总角度为 1.8π 时，假设布站半径不固定，优化搜索步长为 10km，通过仿真试验分析布站半径对定位性能的影响，仿真结果如图 7-16 所示。

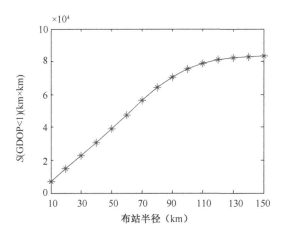

图 7-16　不同布站半径的定位性能

由图 7-16 可知，当布站半径为 150km 时，GDOP<1 的有效区域最大，为 83444 km²，说明在布站分布角总和确定的情况下，布站半径越大，定位性能越好。

综上，可以得到三站优化站址布局：布站总角度为 1.8π，布站半径为 150km。将优化站址布局与 7.3 节图 7-1~图 7-5 所示 5 种站址布局的定位性能进行比较，如表 7-6 所示。

表 7-6　不同站址布局的定位性能

站址布局	$GDOP_{min}$	$S(GDOP<1)$	$\dfrac{S(GDOP<1)}{GDOP_{min}}$
等腰三角形（一）（图 7-1）	0.087	34194	393034.483
等边三角形（图 7-2）	0.0958	46076	480960.334
偏三角形（图 7-3）	0.0871	29193	335166.475
等腰三角形（二）（图 7-4）	0.1939	18307	150556.988
等腰三角形（三）（图 7-5）	0.1025	27262	178604.878
优化站址布局	0.09	83444	927155.556

由表 7-6 可知：通过优化模型获得的优化站址布局，定位性能明显高于其他站址布局。

第 8 章

基于纯距离的水下声学传感器
网络节点定位算法

● ● ● ● ● ● ● ●

8.1 引言

无线传感器网络被认为是 21 世纪最具影响力的十项新兴技术之一，其综合了传感器技术、嵌入式计算技术、现代网络技术、无线通信技术和分布式信息处理技术等，能够通过各类集成化的微型传感器协作实时监控、感知和采集各种环境或监测对象的信息，这些信息利用无线方式进行发送，并以自组织多跳的网络形式传送到用户端。

在 WSNs 的众多应用领域中，水下声学传感器网络的研究既具有挑战性，也有着重要的应用价值[242]。首先，与地面环境相比，水下环境更加恶劣，这就对传感器网络的设计提出了更高的要求；其次，水下环境中的传感器网络维护更加困难，这就对传感器网络系统的自组工作能力、可靠性、鲁棒性、容错能力等方面提出了更高的要求；最后，由于人无法在水下长时间工作，水下传感器网络能够代替人对各种状况、参数进行实时有效的监控，这对于人类开发水下资源以及军事作战具有重要意义。

最早开展水下传感器网络研究的国家是美国，其建立的几个重要的水声传感器网络系统包括[243-246]：

（1）19 世纪 50 年代，大西洋和太平洋中耗巨资建设的水声监视系统 SOSUS。

（2）1999—2004 年，美国海军研究办公室的 SeaWeb 计划。

（3）2004 年哈佛大学启动的 CodeBlue 平台研究计划。

（4）2006 年在美国潜艇技术论坛上，披露的"近海水下持续监视网"PLUSNet 计划，在 2015 年具备完全作战能力。

（5）洛克希德·马丁公司为美国海军研制的能够适应近海海域环境、可以快速布防的 ADS 先进部署系统，用于探测敌方潜艇。

（6）海洋生化监测系统 LOBO。

（7）海洋监测系统 MOOS。

（8）北太平洋中铺设的有缆绳监测系统工程 NETPUNE。

（9）纽约西长岛南部的前沿观测网络和遥测系统 FRONT。

水下声学传感器的节点通常是由飞机、舰艇或潜艇布放，其物理分布具有一定的随机性。每个传感器节点在网络初始化阶段就拥有自身的位置坐标不太现实，如何获取满足网络和任务要求的节点位置信息成为水下声学传感器网络理论研究和实际应用所面临的重要问题，即节点定位问题。节点的位置信息提供了网络的全局拓扑结构信息，在自组织学习过程中，可以利用该信息确定每个节点的身份，如簇头、网关、成员等，并根据所采用的路由策略为节点建立路由表，同时还可以明确各节点之间通信所需要的发射功率，减少多余的试探工作。在网络自组织形成后，可以利用节点位置信息提高网络的吞吐量，如果某些节点发生故障或需要关闭某一区域的节点时，可以明确这些特殊节点的位置，同时灵活地调整路由。随着水下无线传感器网络技术的发展，水下无线传感器网络的节点概念已经由传统的传感器节点扩展到包括 AUV、蛙人、潜艇、鱼雷、水雷和水面浮标等在内的新概念节点形式。

水下声学传感器网络节点定位问题的显著特点包括：

（1）节点数量的不确定性。

（2）节点在外形和尺寸上的限制性。

（3）节点能量的有限性。

（4）节点处理能力以及水声信道带宽的有限性。

（5）节点的移动性。

上述特点对水下声学传感器网络节点定位算法的设计提出了相应的要求[247]：

（1）分布式的计算模式。由于网络中每个节点资源有限，需要利用多个节点协作进行定位计算。同时，分布式的计算模式可以有效避免因个别或部分节点过分消耗能量而迅速导致整个网络失效和崩溃的问题。

（2）自组织性。由于传感器节点布放在预定战场的 1000～2000m 水深的位置，用于探测和感知敌方潜艇的动向，导致定位算法不能过分依赖外部基础设施，因此，算法必须具有自组织性。

（3）低能耗与低代价。节点能量有限是节点的一个重要特点，特别是在水下，一旦电池耗尽节点失效后，就无法进行能量的补充，感知区域会形成探测盲区，网络无法完成系统功能，因此，定位算法的设计必须最大限度地减少节点的能耗。对于水声节点定位而言，信息的传输、节点位置的计算是两个主要的能耗因素，因此，在定位研究中，需要在满足系统定位精度的前提下，最大限度地减少上述因素造成的能量消耗，延长系统的生命期。

（4）高鲁棒性。由于水下环境的特殊性，要考虑海水盐度、压力、洋流运动、海洋生物、声波衰减等因素对传感器网络的影响，使得水下传感器网络节点定位算法的设计更加困难，需具备较高的鲁棒性。

本章重点研究了水下声学传感器网络中的节点定位问题，更加关注算法的"鲁棒性""低能耗""无冲突"的特点。

8.2　节点定位问题描述与节点定位算法

节点定位问题，即通过一定的技术、方法和手段及时而有效地获取网络中传感器节点在二维或三维空间分布上的物理位置信息或坐标信息的过程。

8.2.1　节点定位问题与节点定位算法的分类

根据网络拓扑及定位机理的不同，水下声学传感器网络的节点定位问题可以分为同构网络节点定位和异构网络节点定位。所谓同构网络，即所有的节点都具有相同的功能，且在网络初始化阶段所有节点均不带有位置信息；异构网络是指网络中含有不同类型的节点，确切地说，在网络初始化阶段就含有一定比例的带有自身位置信息的节点，这类节点通常称为导标节点（Beacon Node）或锚节点（Anchor Node），而网络中其他不带有位置信息的节点称为未知节点（Unknown Node）或普通节点（General Node）；初始化位置信息的获取可以借助潜艇或舰艇等已知位置的装备。如无特殊说明，本书所指的节点定位问题是异构网络的节点定位问题。

节点的定位算法通常可以有以下几种分类方式[248-250]：

1. 基于距离的定位算法与基于估计距离的定位算法

根据定位过程中是否测量实际节点间的距离,可以把定位算法分为基于距离的定位算法和基于估计距离的定位算法。前者需要测量相邻节点间的实际距离或方位来计算未知节点的位置;后者无须测量节点间的实际距离或方位,而是依靠网络连通等信息进行定位。

基于距离的定位算法通常使用的测距技术有 TOA、TDOA、RSSI 和 AOA。目前,对于这两种定位方式的研究都产生了很多成果,例如,基于距离的定位系统和算法有 Cricket 定位系统、N-Hop Multilateration Primitive 定位算法、TPS 定位算法、SPA 相对定位算法与 Two-Phase Position 定位算法等;基于估计距离的定位算法有质心算法、凸规划算法、DV-Hop 算法、Amorphous 算法、MDS-MAP 算法及 APIT 算法等。

2. 递增式定位算法与并发式定位算法

根据节点定位的先后次序不同,把定位算法分为递增式定位算法和并发式定位算法。递增式定位算法通常从参考节点,即锚节点或信标节点开始,参考节点附近的节点首先开始定位,依次向外延伸,各节点逐次进行定位;而并发式定位算法则对其所有节点同时进行位置计算。

3. 集中式计算的定位与分布式计算的定位

在集中式计算的定位算法中,要求网络中部署中心节点,其余传感器节点把采集到的相关信息传送到中心节点,并通过中心节点的运算得出每个节点的位置信息。这类算法可以不受计算和存储性能的限制,获得相对精确的定位,但是由于这些定位算法对中心节点的过分依赖性,在中心节点附近的节点可能会因为通信开销过大而成为瓶颈,并过早消耗完能量,导致整个网络与中心节点信息交流受阻或中断。典型的集中式定位算法包括 N-hop Multilateration Primitive 算法、凸规划算法和 MDS-MAP 算法等。分布式计算定位算法则是指依赖节点间的信息交换和协调,由节点自行计算的定位方式,相对于前者,它具有更大的灵活性。比如,质心算法、DV-hop 算法、Amorphous 算法和 APIT 算法都是完全分布式的定位算法,仅需要相对少量的通信和简单计算,具有良好的扩展性。

4. 绝对定位与相对定位

绝对定位必须让所有的待定位节点使用共同的参照系,其定位结果是一个全局性的标准坐标位置,如使用经度和纬度表示。对同一地理位置的节点进行多次绝对定位，其定位结果将是一样的，而采用相对定位，结果则可能不同。相对定位可以让每个定位节点使用不同的参照系，通常是以网络中的部分节点为参考，建立整个网络的相对坐标系统。

相比而言，绝对定位可以为网络提供唯一的命名空间，受节点移动性能影响较小，有更广泛的应用领域，但在相对定位的基础上也能够实现部分路由协议，尤其是基于地理位置的路由。通常为了实现绝对定位，需要在网络内部署一定比例的参考节点或中心节点，而相对定位不需要参考节点或中心节点。总之，绝对定位依赖于网络的基础设施或具有 GPS 等特殊定位方式的参考节点，并对网络部署有特定要求，从而可能受限于传感器成本和网络应用环境等原因而无法适用于某些实际应用。典型的绝对定位算法有 N-hop Multilateration Primitive 算法、APS 算法集、AHLos 算法和 Generic Localizaed Algorithm；典型的相对定位算法和系统有 SPA、LPS、SpotON，而 MDS-MAP 定位算法则可以根据网络配置的不同分别实现两种定位。

5. 基于参考节点的定位算法和无参考节点的定位算法

这种分类方式类似绝对定位与相对定位的分类。绝对定位与相对定位是从定位效果上来进行分类，而基于参考节点的定位与无参考节点的定位是从定位手段上来进行分类。基于参考节点的定位算法在定位过程中使用了参考节点，并以它作为定位中的参考点，各节点定位后产生整体绝对坐标系统；无参考节点的定位算法不用部署参考节点，它依靠节点间的相对位置，以网络中的某些节点作为参考点，形成局部坐标系，相邻的局部坐标系再依次转换合并，最后产生整体相对坐标系统。

8.2.2　基本节点定位算法

传感器节点的基本定位算法包括三边测量法（Triliateration）、三角测量法（Triangulation）和极大似然法（Maximum Likelihood Estimation，MLE），由于本书的节点定位算法基于距离信息，这里主要介绍三边测量法和极大似然法。

由于在二维空间纯距离测量条件下，测量信息数大于 3 并且观测点不在同一条直线上，就可以完成对目标的定位；这样，在三边测量法中，假设存在 A、B、C 三个锚节点，其位置坐标分别为 (x_a, y_a)、(x_b, y_b)、(x_c, y_c)，锚节点与待定位节点之间的距离为 r_a、r_b 和 r_c，则有如下关系成立：

$$\begin{cases} \sqrt{(x-x_a)^2+(y-y_a)^2}=r_a \\ \sqrt{(x-x_b)^2+(y-y_b)^2}=r_b \\ \sqrt{(x-x_c)^2+(y-y_c)^2}=r_c \end{cases} \tag{8.2.1}$$

通过计算可得:

$$\begin{pmatrix} x \\ y \end{pmatrix} = \begin{pmatrix} 2(x_a-x_c) & 2(y_a-y_c) \\ 2(x_b-x_c) & 2(y_b-y_c) \end{pmatrix}^{-1} \begin{pmatrix} x_a^2-x_c^2+y_a^2-y_c^2-r_a^2+r_c^2 \\ x_b^2-x_c^2+y_b^2-y_c^2-r_b^2+r_c^2 \end{pmatrix} \tag{8.2.2}$$

在极大似然法中，假设存在 N 个锚节点，其位置坐标为 (x_i,y_i) $i=1,2,\cdots,N$，锚节点与待定位节点之间的距离为 r_i $(i=1,2,\cdots,N)$，则有如下关系成立:

$$\begin{cases} (x_1-x)^2+(y_1-y)^2=r_1^2 \\ \vdots \\ (x_N-x)^2+(y_N-y)^2=r_N^2 \end{cases} \tag{8.2.3}$$

$$\begin{cases} x_1^2-x_N^2-2(x_1-x_N)x+y_1^2-y_N^2-2(y_1-y_N)=r_1^2-r_N^2 \\ \vdots \\ x_{N-1}^2-x_N^2-2(x_{N-1}-x_N)x+y_{N-1}^2-y_N^2-2(y_{N-1}-y_N)=r_{N-1}^2-r_N^2 \end{cases} \tag{8.2.4}$$

未知节点坐标的解为 $\hat{X}=\left(A^{\mathrm{T}}A\right)^{-1}A^{\mathrm{T}}B$，式中:

$$A=\begin{pmatrix} 2(x_1-x_N) & 2(y_1-y_N) \\ \vdots & \vdots \\ 2(x_{N-1}-x_N) & 2(y_{N-1}-y_N) \end{pmatrix} \tag{8.2.5}$$

$$B=\begin{pmatrix} x_1^2+y_1^2-y_N^2-y_N^2-r_1^2+r_N^2 \\ \vdots \\ x_{N-1}^2+y_{N-1}^2-x_N^2-y_N^2-r_{N-1}^2+r_N^2 \end{pmatrix} \tag{8.2.6}$$

8.2.3 节点定位算法的评价指标

8.2.3.1 定位误差

定位误差由估计位置与真实位置之间的欧式距离表示。处理数据的算法不同，定位误差的大小不同；并且由于参量误差的随机性，定位误差也是随机的。定位误差是衡量定位系统准确性的主要指标。常用的定位误差的评价指标有均方误差、均方根误差、累积分布数、误差圆半径、几何淡化因子以及等概率误差椭圆等。

另外,估计位置坐标的各个分量与真实位置坐标对应分量间的误差统计特性也是衡量定位误差的一种手段。衡量一种定位算法性能的好坏,除了定位误差指标外,还有定位代价,如计算复杂度、通信复杂度、导标节点的比例、网络密度等指标。

1. 均方误差和均方根误差

它们是对随机定位误差的一种标量表示方法。设目标的真实位置为 (x, y),目标的估计位置为 $(\hat{x}, \hat{y})$,则均方误差与均方根误差的定义分别为:

$$\mathrm{MSE} = E\left[(x - \hat{x})^2 + (y - \hat{y})^2 \right] \tag{8.2.7}$$

$$\mathrm{RMSE} = \sqrt{ E\left[(x - \hat{x})^2 + (y - \hat{y})^2 \right] } \tag{8.2.8}$$

为评价一种算法的性能,最常用的方法是将利用该算法得到的 RMSE 与 $C-R$ 界进行比较。二者相差越近,则该算法的性能越好。

2. 累积分布函数

累积分布函数是指误差小于某个值时的概率,一般用累积分布函数与定位误差的曲线来形象表示,也是一种标量表示法。

3. 平均定位误差

定义为 N 次定位误差的算术平均值,也是一种衡量定位精度的常用方法。其优点是简单,缺点是没有累积分布函数具体,且一次很大的定位误差可能导致平均定位误差的上升。

4. 几何淡化因子

定位误差不仅与参量的误差有关,而且与导标节点和未知节点之间的几何位置有关。衡量几何位置对定位精度性能影响程度的指标为几何淡化因子。

8.2.3.2　CRLB 边界定理

定理:令 $x = (x_1, x_2, \cdots, x_n)$ 为样本向量,若参数估计 $\hat{\theta}$ 是真实参数 θ 的无偏估计,并且 $\dfrac{\partial f(x|\theta)}{\partial \theta}$ 以及 $\dfrac{\partial^2 f(x|\theta)}{\partial \theta^2}$ 存在,则 $\hat{\theta}$ 的均方差所能达到的下界,即克拉美劳下界等于 Fisher 信息的倒数,即:

$$\text{var}(\hat{\theta}) = E\left[\left(\theta - \hat{\theta}\right)^2\right] \geqslant \boldsymbol{J}(\theta)^{-1} \tag{8.2.9}$$

式中，$\boldsymbol{J}(\theta)$ 为 Fisher 信息矩阵，不等式中等号成立的条件为：

$$\frac{\partial}{\partial \theta} \ln f(x|\theta) = K(\theta)\left(\theta - \hat{\theta}\right) \tag{8.2.10}$$

式中，$K(\theta)$ 是 θ 的某个正函数，并与样本 $x_1, x_2, \cdots, x_n$ 无关。

设网络采用多边定位的方法估计传感器节点位置，如 8.2.2 节中所示。当前节点估计位置的误差特性可表示如下，这里真实位置 x 可以看作从观测距离 $\hat{r}$ 获得的估计参数。求解 Fisher 矩阵过程如下：

$$\frac{\partial r_i}{\partial x} = \frac{x - x_i}{r_i} \tag{8.2.11}$$

$$\frac{\partial^2 r_i}{\partial x^2} = \frac{\left(x - x_i\right)^2}{r_i^3} \tag{8.2.12}$$

$$p(\hat{r}; x) = \sqrt{\frac{\det(W)}{(2\pi)^n}} \exp\left[-\frac{1}{2}(\hat{r} - r)^{\mathrm{T}} W(\hat{r} - r)\right] \tag{8.2.13}$$

$$\ln p(\hat{r}; x) = -\frac{1}{2}\left\{\ln\left[\frac{(2\pi)^n}{\det(W)}\right] + (\hat{r} - r)^{\mathrm{T}} W(\hat{r} - r)\right\}$$

$$= -\frac{1}{2}\left\{\ln\left[\frac{(2\pi)^n}{\det(W)}\right] + \sum \frac{(\hat{r}_i - r_i)}{\sigma_i^2}\right\} \tag{8.2.14}$$

$$\frac{\partial \ln p(\hat{r}; x)}{\partial x} = \sum \frac{(\hat{r}_i - r_i)}{\sigma_i^2} \frac{\partial r_i}{\partial x} \tag{8.2.15}$$

$$\frac{\partial^2 \ln p(\hat{r}; x)}{\partial x^2} = \sum \frac{1}{\sigma_i^2}\left[-\left(\frac{\partial r_i}{\partial x}\right)^2 + (\hat{r}_i - r_i)\frac{\partial^2 r_i}{\partial x^2}\right] \tag{8.2.16}$$

$$\frac{\partial^2 \ln p(\hat{r}; x)}{\partial x \partial y} = \sum \frac{1}{\sigma_i^2}\left[-\frac{\partial r_i}{\partial x}\frac{\partial r_i}{\partial y} + (\hat{r}_i - r_i)\frac{\partial^2 r_i}{\partial x \partial y}\right] \tag{8.2.17}$$

Fisher 矩阵可定义为：

$$\boldsymbol{I}(x) = -\int_{-\infty}^{+\infty}\begin{pmatrix} \dfrac{\partial^2 \ln p(\hat{r}; x)}{\partial x^2} & \dfrac{\partial^2 \ln p(\hat{r}; x)}{\partial x \partial y} \\[2mm] \dfrac{\partial^2 \ln p(\hat{r}; x)}{\partial x \partial y} & \dfrac{\partial^2 \ln p(\hat{r}; x)}{\partial y^2} \end{pmatrix} p(\hat{r}; x)\mathrm{d}\hat{r} \tag{8.2.18}$$

式中，

$$-\int_{-\infty}^{+\infty}\frac{\partial^2 L}{\partial x^2}p(\hat r;x)\mathrm d\hat r$$

$$=\int_{-\infty}^{+\infty}p(\hat r;x)\sum\frac{1}{\sigma_i^2}\frac{(x-x_i)^2}{r_i^2}\mathrm d\hat r+\int_{-\infty}^{+\infty}p(\hat r;x)\sum\frac{(\hat r_i-r_i)}{\sigma_i^2}\frac{(x-x_i)(y-y_i)}{r_i^3}\mathrm d\hat r \quad (8.2.19)$$

$$=\sum\frac{1}{\sigma_i^2}\frac{(x-x_i)^2}{r_i^2}$$

因为 $\int_{-\infty}^{+\infty}p(\hat r;x)\mathrm d\hat r=1$；$\int_{-\infty}^{+\infty}p(\hat r;x)\hat r\mathrm d\hat r=r$，利用相同的方法可以得到：

$$-\int_{-\infty}^{+\infty}\frac{\partial^2 L}{\partial x\partial y}p(\hat r;x)\mathrm dr=\sum\frac{1}{\sigma_i^2}\frac{(x-x_i)(y-y_i)}{r_i^2} \quad (8.2.20)$$

这样 Fisher 矩阵可以表示为：

$$\boldsymbol I(x)=\begin{pmatrix}\displaystyle\sum\frac{1}{\sigma_i^2}\frac{(x-x_i)^2}{r_i^2} & \displaystyle\sum\frac{1}{\sigma_i^2}\frac{(x-x_i)(y-y_i)}{r_i^2}\\[2mm]\displaystyle\sum\frac{1}{\sigma_i^2}\frac{(x-x_i)(y-y_i)}{r_i^2} & \displaystyle\sum\frac{1}{\sigma_i^2}\frac{(y-y_i)^2}{r_i^2}\end{pmatrix}$$

$$=\begin{pmatrix}\dfrac{x-x_1}{r_1} & \dfrac{y-y_1}{r_1}\\ \vdots & \vdots\\ \dfrac{x-x_n}{r_n} & \dfrac{x-x_n}{r_n}\end{pmatrix}^{\mathrm T}\boldsymbol W\begin{pmatrix}\dfrac{x-x_1}{r_1} & \dfrac{y-y_1}{r_1}\\ \vdots & \vdots\\ \dfrac{x-x_n}{r_n} & \dfrac{x-x_n}{r_n}\end{pmatrix}\quad (8.2.21)$$

这样，待估参数 x 的方差的下界为：

$$\mathrm{CRLB}\big[\mathrm{cov}(x)\big]=\big(\boldsymbol J_0^{\mathrm T}\boldsymbol W\boldsymbol J_0\big)^{-1}\quad (8.2.22)$$

式中，$\boldsymbol J_0=\begin{pmatrix}\dfrac{x-x_1}{r_1} & \dfrac{y-y_1}{r_1}\\ \vdots & \vdots\\ \dfrac{x-x_n}{r_n} & \dfrac{x-x_n}{r_n}\end{pmatrix}$；$\boldsymbol W$ 为测距方差。

8.2.4　水下声学传感器网络中基于 TOA 的测距

在水下环境中，可以通过测量节点之间的通信时延来获得节点之间的距离，在水声环境中，TOA 的测距公式如下所示[251]：

$$\begin{cases} D = T_{proc}V_s \\ V_s = 1410 + 4.21P - 0.037P^2 + 1.41s + 0.018h \\ T_{proc} = T_{sig} - T_{tran} = (T_c - T_p) - L_p/R_t \end{cases} \quad (8.2.23)$$

式中，D 表示节点之间的距离；T_{proc} 表示声信号在水声信道中的传播时延；V_s 表示声波在水中的传播速度；P 表示水温；s 表示盐度；h 表示深度；T_{sig} 表示接收节点完成数据接收的时刻 T_c 与数据包中保存的发送时戳信息 T_p 的差值，由于水声信道传输速率比较低，数据包传播延迟 T_{tran} 在计算 T_{proc} 时不能忽略；L_p 表示数据包的长度；R_t 表示数据传输速率。

由于 TOA 方法利用了时间信息，因此各个节点之间要进行时间同步，时间同步的精度影响测距精度，但是考虑到水声信号传播速度比起电磁波来说要慢得多，并且水声通信网络节点的间距较大，从整体把握拓扑结构的目的出发，系统对时间同步的精度要求不大，当前电子晶振的精度完全可以胜任，因此在水声通信网中利用算法简单的 TOA 方法完成测距是方便可行的。

8.3　自组织过程中的数据传播算法

为配合节点定位算法的完成，必须在网络自组织形成过程中，完成节点邻接信息表的建立以及各节点信息的汇集工作，因此，节点间需要完成大量的通信来交互信息。但是此时网络处于无序状态，节点间的通信冲突将对自组织形成所需时间和效果产生重大影响。在以电磁波形式通信的无线传感器网络中，由于电磁波的传播速度快，且数据传输率高，通信冲突带来的影响不大，可以采用广播和竞争重发的机制实现节点信息的传递与收集，这也是当前自组织网络研究中普遍采用的方法。但是在水声信道中，水声通信传输率低、数据包尺寸大等不利因素大大增加了通信冲突发生的概率，同时声信号传播速度慢的特点也增大了数据重传的代价，这些都导致了传统的广播和竞争重发机制在水声通信网自组织过程中的低效率。对于拓扑结构较简单的通信网来说，由于大多数节点只能与某一节点通信，即网络为链式结构，广播和竞争重发机制所带来的通信冲突不严重，可以较好地运行；但是对于拓扑结构较为复杂的网络，严重的通信冲突将大大影响广播传递的顺利进行，甚至还会出现由于信息收集不完全，导致无法实现自组织的情况发生。本节中的两种网络自组织过程中的数据传播算法就是在上述背景下提出的。

8.3.1　基于深度优先遍历的数据传播算法

为配合定位算法的完成，需要事先为每个节点建立相关数据表：其中邻接信息表 M_i 用来记录与之相连通的 ID 号和相互距离；节点状态表 S_i 用来记录当前时刻各个节点是否已经经历 PING 状态；反馈数据表 A_i 用来记录当前时刻该节点收集到的来自其他节点的邻接信息，其基本原理如图 8-1 所示。

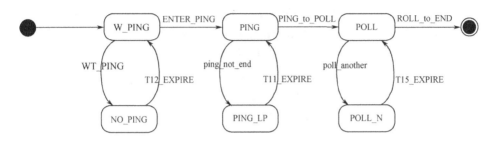

图 8-1　无冲突的数据传播算法的节点状态机

步骤 1：假设网络中有 N 个节点，每个节点都有自己的 ID 号，初始时刻所有节点都处于 W_PING 等待状态。首先选择 ID 号为 1 的节点作为 PING 中心节点 i，即初始时刻 $i=1$，使之进入 PING 状态。PING 状态要完成的工作是为该节点建立邻接信息表 M_i，方法是通过向其他 $N-1$ 个节点依次轮循发送 PING_RTS 帧，利用在规定的等待时间 T_w 内能否收到相应节点的响应来判断是否连通，从而更新 M_i，该等待时间由通信半径和数据包尺寸决定。

步骤 2：如果某一时刻节点 j 收到来自 PING 中心节点 i 发给其的 PING_RTS 数据帧，则节点 j 向 i 反馈 PING_CTS 数据帧，其中包含有建立该 PING_CTS 帧的时戳信息以及自身节点是否已经经历过 PING 状态的信息。

步骤 3：如果 PING 中心节点 i 在 T_w 内没有收到目的节点 j 的 PING_CTS 帧，则认为节点 j 在自己的通信半径之外，不能与之连通；实际上，这时节点 j 收不到发给其的 PING_RTS，因此也就不会返回 PING_CTS；如果节点 i 在 T_w 内收到了目的节点 j 的 PING_CTS 帧，则认为能与之连通，根据 PING_CTS 时戳信息，利用式（8.2.23）计算出节点之间的距离，保存到 M_i 中，同时利用 PING_CTS 中节点 j 是否已经经历过 PING 状态的信息，更新 S_i。

如果此时 PING 中心节点 i 已经轮循完成其他 $N-1$ 个节点，则建立了自己的邻接信息表 M_i，接下来进行入 POLL 状态，转到步骤 4；否则将按照步骤 1～3 继续轮循下一个节点。

步骤 4：节点 i 进入 POLL 状态后，如果能在已经建立的 M_i 和 S_i 中找到一个可连通并且没有经历过 PING 状态的节点 p，则向其发送 POLL_RTS 帧，要求节点 p 从 W_PING 等待状态进入 PING 状态，成为下一个 PING 中心节点，同时自己进入 POLL_N 状态，等待节点 p 返回反馈数据帧 POLL_BACK，转移到步骤 5；如果在 M_i 和 S_i 中找不到满足条件的 p，则转移到步骤 6。

步骤 5：节点 i 收到节点 p 的反馈数据帧 POLL_BACK 之后，利用 POLL_BACK 中保存的关于节点 p 收集到其他节点的邻接信息 A_p 和状态信息 S_p，来更新自己的 A_i 和 S_i，并从 POLL_N 状态返回到 POLL 状态，转到步骤 4。

步骤 6：这时与节点 i 连通的节点都经历过 PING 状态，如果节点 i 就是 ID＝1 的初始节点，则说明各个节点的信息已经汇集到 ID 号为 1 的节点，结束整个流程；否则节点 i 将向其传递 POLL_RTS 数据帧的节点"上传"反馈数据帧 POLL_BACK，POLL_BACK 中包含目前自己更新得到的 A_i 和 S_i，完成 POLL_BACK 的上传后，节点 i 从 POLL 状态转移到 END 状态，完成本节点的操作。基于深度优先遍历的数据传播算法如图 8-2 所示。

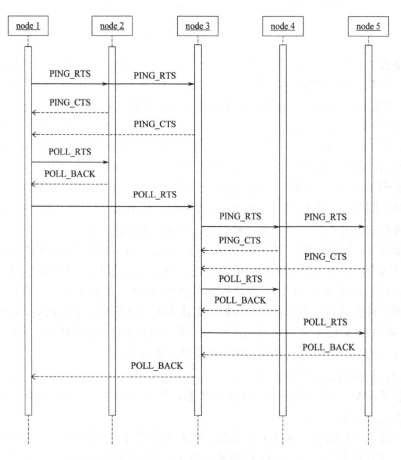

图 8-2　基于深度优先遍历的数据传播算法

鉴于在水声环境中完成一次通信所需要的时间较长，通常为几秒至十几秒，为了缩短网络形成过程中所需要的时间，从减少通信次数的角度出发，对上述算法进行了如下改进。

改进 1：上述算法的步骤 1～3 要求每个进入 PING 状态的节点都要向其他 $N-1$ 个节点依次发送 PING_RTS 帧来判断是否连通，这就需要 $N \times (N-1)$ 次通信，但是连通性是相互关系，即节点 i 能与 j 连通，节点 j 也能与 i 连通，因此对上述算法可以作如下改进：在原算法步骤 1 节点 i 的 PING_RTS 帧中也加入时戳，当该帧被与之连通的节点收到后，节点 j 可以判断与节点 i 连通，同时计算距离更新 M_j。

改进 2：在原算法步骤 4 节点发送给节点 p 的 POLL_RTS 帧中加入更新后的 S_i 信息，这样节点 p 在收到 POLL_RTS 后，将不再向 S_i 中经历过 PING 状态的节点发送 PING_RTS，因为如果以前收到过来自这些节点的 PING_RTS，在改进 1 中已经将其判断为连通，如果没有收到，则认为与之不连通。

由于 3 个数据表的尺寸会随着节点数的增加而迅速增大，因此节点间在传递数据表信息时可以只传递更新的内容。利用以上的改进可以将 PING_RTS 的通信次数降为 $N \times (N-1)/2$，大大缩短了自组织形成时间。同时该算法不会出现多个节点同时通信的情况，避免了数据包冲突所造成的不利影响。当各个节点的信息汇集到节点 1 后，节点 1 即可利用纯距离定位算法实现节点的定位。

8.3.2　分布式的并发无冲突数据传播算法

8.3.1 节中给出了网络自组织过程中的集中式数据传播算法，数据经过深度遍历之后，将数据传输至网络中的某一中心节点。该算法可以保证数据传输的有序性，即在整个网络自组织过程中不存在发生冲突的可能，然而，该算法也存在一定的风险，即在网络中心节点失效的情况下，网络将无法完成自组织过程，只能通过指派新的中心节点或采用分布式的数据传播算法来解决。

现设网络中存在 M 个锚节点和 N 个普通节点，锚节点与普通节点单独编号；初始时刻所有节点都处于 W_PING 状态。每一个节点要建立 3 个表：

（1）邻接信息表 M_i：包括相邻节点的 ID 号、与相邻节点的距离。

（2）本地数据表 L_i：包括节点的局部坐标、全局坐标及锚节点坐标。

（3）节点状态表 S_i：由 M 个元素组成的集合表示；当节点在第 i 个锚节点为原点的局部坐标系下计算出局部坐标后，集合中相应位的元素置 1，否则置 0。

其基本原理如图 8-3 所示。

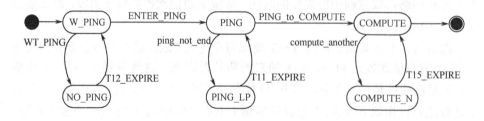

图 8-3　分布式数据传播算法节点状态机

步骤 1：确定参考节点 1

初始时刻将 M 个锚节点分别作为参考节点 1，使其进入 PING 状态，N 个普通节点皆处于 W_PING 状态；参考节点 1 向其他 $M+N-1$ 个节点发送 PING_RTS 帧，包括该帧建立的时间和参考节点 1 的坐标；利用在规定时间内是否收到相应节点的反馈数据来判断是否连通。当邻接信息表未建立时，如果一个节点收到了参考节点 1 的 PING_RTS 帧，则可计算与参考节点 1 之间的距离，更新自己的邻接信息表，记录参考节点 1 的坐标；并向其反馈 PING_CTS 帧，包括建立 PING_CTS 帧的时间。如果参考节点 1 在规定时间内没有收到其他节点反馈的 PING_CTS 帧，则认为不能与该节点连通。当邻接关系建立后，参考节点 1 根据邻接关系表，选定与之距离最大的一个节点作为 X 轴上的参考节点 2，并向其发送数据帧 SET，数据帧中包含被选定的信息以及邻接关系表；而后进入 COMPUTE 状态，设置自己在该坐标系下的坐标；完成上述操作后，转入 END 状态。

步骤 2：确定参考节点 2

参考节点 2 由 W_PING 状态进入 PING 状态，向其他 $M+N-2$ 个节点发送 PING_RTS 帧，根据在规定时间内是否接收到其他节点的反馈帧 PING_CTS 来更新邻接信息表；确定自身的局部坐标，更新本地数据表，同时将状态表中的相应位置置为 1；比较自身的邻接信息表和参考节点 1 的邻接信息表，从中选出到参考节点 1 和参考节点 2 距离之和最大的点作为参考节点 3，并向其发送包含选定信息的数据帧 SET；而后进入 COMPUTE 状态，设置自身在该坐标系下的坐标，完成上述操作后，进入 END 状态。

步骤 3：确定参考节点 3

参考节点 3 由 W_PING 状态进入 PING 状态，向其他 $M+N-3$ 个节点发送 PING_RTS 帧，根据在规定时间内是否接收到其他节点的反馈帧 PING_CTS 来更新邻接信息表；确定自身的局部坐标，同时将状态表中的相应位置置为1；而后进入COMPUTE状态，设置自身在该坐标系下的坐标，完成上述操作后，进入END状态。

步骤4：节点计算自身坐标

当节点接收到三个局部坐标已知的节点的数据帧时，该节点进入COMPUTE状态；根据三边测量法计算出自身坐标，并将状态表中的相应位置置为1；同时向其他节点发送PING_RTS帧，根据规定时间内是否收到PING_CTS帧，更新邻接信息表；完成上述操作后，进入END状态。当网络中的所有节点计算出局部坐标或大于最大计算时间时，算法结束。分布式数据传播算法如图8-4所示。

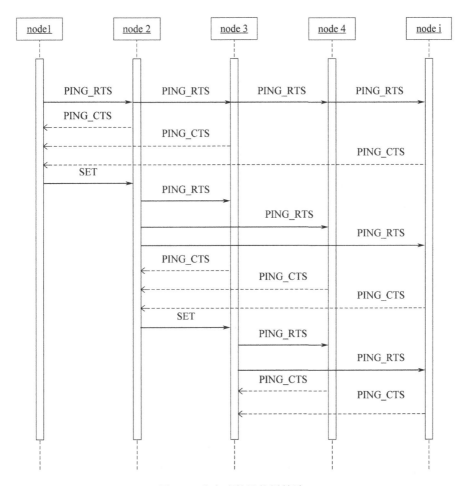

图8-4 分布式数据传播算法

　　分布式的传播算法与搜索树的深度有关,而基于图的深度优先遍历的数据传播算法与搜索树的节点数有关,因此,在大规模的水声传感器网络中,分布式的传播算法不仅可以避免由于中心节点实效而产生的风险,同时也可以节省大量的数据传播时间。

　　在基于上述算法的数据传播过程中,会存在一定的数据冲突,特别是当多个节点向同一个节点发送信息时,会在接收节点处产生接收-接收冲突问题。在这种情况下,可以在每一个节点传输持续时间的两端增加一定的保护时间[252,253],当其他节点的唤醒时刻与该节点传输起始点或结束点之间的绝对值小于保护时间时,该发送节点就需要重新选择发送时间,以避免接收冲突的发生。冲突的避免过程如图 8-5 所示,其中 S_1、S_2 为发送节点,R 为接收节点,节点 S_2 重新选择了发送时间,避免了冲突的产生。

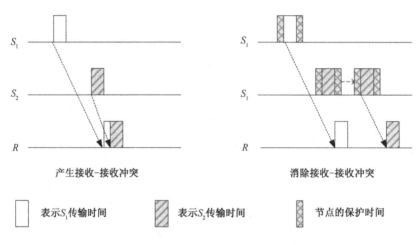

图 8-5　接收-接收冲突避免策略

8.4　考虑局部拓扑关系的分布式节点定位算法

　　在异构网络的节点定位中,当一定数量的节点随机分布在某一个感知区域时,节点的分布规律可视为泊松分布,网络中保持最少锚节点数量的增加会明显增加网络布置代价。为了使每个未知节点周围至少有 3 个锚节点的概率大于90%,锚节点的密度必须大于 6,显然,这种网络的布置代价在水下环境中是不能实现的。

根据前面分析，在水下环境中不能为每个节点安装 GPS 定位系统，因此只有少量的节点可以获得自身的地理位置信息，这类节点通常称为锚节点，锚节点可由已知位置信息的舰船或者具有特殊功能的节点担任。在锚节点较少的情况下，如不采取措施就进行定位，会导致可定位的节点的比例较低。本节将在 TERRAIN 算法的基础上，给出在锚节点较少情况下的分布式节点定位算法 Layer-TERRAIN[254]。

8.4.1　基本原理

TERRAIN 算法是适用于锚节点较少情况下的定位算法，通过以每个锚节点为原点建立相对坐标系和节点之间的信息交换，获得节点与其他锚节点之间的相对距离，后利用三边测量法或极大似然法计算出每个节点的绝对地理坐标。现以一个锚节点 N_1 为例，其定位算法的主要步骤如下所示。

步骤 1：建立坐标系。如图 8-6 所示，N_1 为原点，其坐标为(0,0)，第一个与 N_1 通信的节点 N_2 的连线作为 X 轴，其坐标为$(D_{N_1N_2},0)$；Y 轴定义为沿 X 轴逆时针旋转 90° 所得的方向线。

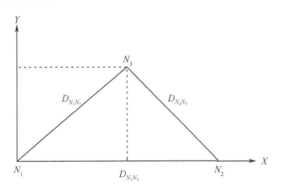

图 8-6　局部坐标系

步骤 2：确定参考节点坐标。在 N_1 和 N_2 的邻接表中，选择一个能与其通信并且与其距离之和最大的节点作为 N_3，其位置坐标如下所示：

$$\begin{cases} x_3 = \dfrac{D_{N_1N_2}^2 + D_{N_1N_3}^2 - D_{N_2N_3}^2}{2D_{N_1N_2}} \\ y_3 = \sqrt[2]{D_{N_1N_3}^2 - x_3^2} \end{cases} \tag{8.4.1}$$

步骤 3：确定其他节点的相对坐标。以上述三个参考节点的坐标为基础，利用三边测量法计算其他节点的相对坐标，进而获得与该锚节点的距离。

实际上，上述步骤是在所有锚节点同时进行的，节点可以获得与多个锚节点的距离值。设节点的坐标为 (x,y)，锚节点的坐标为 $(x_{N_i}, y_{N_i}), i=1,2,\cdots,k$，节点与锚节点的距离为 $D_{N_i}, i=1,2,\cdots,k$，当一个节点获得多个距离测量值时，可以利用极大似然法计算该节点的地理位置。

8.4.2 Layer-TERRAIN

由于 TERRAIN 算法同时在各个锚节点开始，因此 TERRAIN 算法是一个并行的分布式定位算法，可以避免集中式定位算法由于中心节点失效导致算法不能执行的情况发生。但是，TERRAIN 算法的步骤 3 是迭代地利用已定位的节点完成未知节点定位的过程，算法本身是递增式的定位算法。递增式定位算法的示意图如图 8-7 所示。

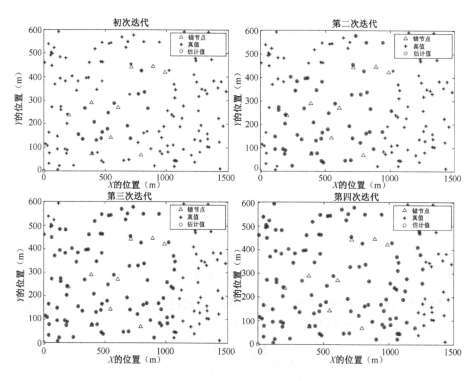

图 8-7　递增式定位算法示意图

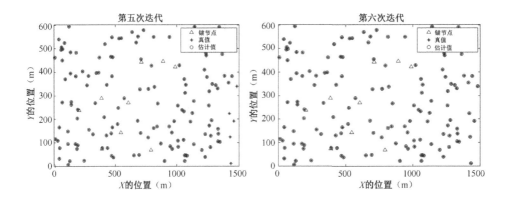

图 8-7　递增式定位算法示意图（续）

由于我们通常假设水下声学传感器网络中少量参考节点的位置是已知的，在递增式的算法中，当参考节点向外发送信息时，通信范围内的节点接收到此信息；当待定位的传感器节点接收到三个或三个以上的参考节点发出的消息后，此节点可以定位并成为新的参考节点。这些新的参考节点也向外发送信息，此时若剩余未定位的节点接收到三个或三个以上已知节点信息，此节点也可以定位成参考节点并向外发送信息。此定位过程持续进行，直到网络中无新的可定位节点或者达到规定时间。由于递增式定位方法对传感器节点定位是逐次进行的，因此，每次节点定位的误差将影响下一次节点定位的精度，形成累积传播误差。

8.4.2.1　累积误差分析

在递增式的定位方法中，节点的定位是按批次进行的，同一批次中的节点是同时进行定位的[255]。根据这一特点，我们对节点进行分层；假设原始参考节点（锚节点）的层数为 1；根据原始参考节点直接定位的节点为 1 级节点；只由一级节点定位或由原始参考节点和一级节点共同定位的节点成为二级节点；依次类推。假设原始参考节点位置无误差，但由于节点间距离测量误差的存在，一级节点的定位是有误差的；而对于二级节点，其定位精度同时受到节点间距离测量误差和一级节点本身定位误差的影响。在相同节点距离测量误差的影响下，二级节点的定位误差显然大于一级节点，这就是递增式定位方法中固有的误差累积现象，节点的定位误差随着定位过程的依次进行有逐渐增大的趋势。

为讨论问题方便，假设在每次定位前，已经获得参考节点到待定位点之间的距离。现以一个传感器网络为例，模拟分析递增式定位方法中的累积误差。如图 8-8 所示，A、B 和 C 为参考节点，节点 1~6 为未知节点，通信范围内的节点用连线表示。根据上面的论述，节点1、5与参考节点A、B和C相连，可以直接定位成为一级节点；当节点1、5成为新的参考节点后，节点2因与C、1、5相连，节点3因与A、1、5相连，节点4因与B、C、1、5相连，也都能够定位。节点2、3、4必须等一层节点定位后，将一级节点作为参考节点再定位，所以为二层节点；节点6因与1、2、3、5相连，所以为三层节点。

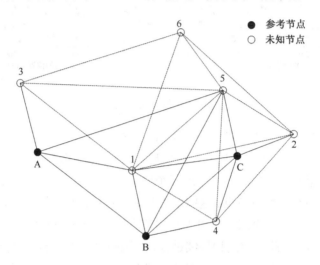

图 8-8 网络中的节点层次

为说明累积误差对节点定位精度的影响，这里将误差的种类分为三种：①参考节点位置有误差，测量距离无误差；②距离测量有误差，参考节点位置无误差；③距离测量和参考节点的位置都存在误差，即递增式定位方法的实际节点定位过程。通过仿真试验，分别说明三种误差对节点定位结果的影响。

设节点均匀分布在1500m×600m的区域中，包含20个锚节点和150个普通节点；节点的通信半径为200m；设节点位置误差服从均值为0、均方差为0.005m的高斯分布；节点之间的测量距离服从均值为0、均方差为0.0001m的高斯分布；共进行100次仿真试验。定义节点定位误差为：

$$\text{RMSE} = \sqrt{E\left(X - \hat{X}\right)^2} = \sqrt{\frac{1}{N}\sum_{i=1}^{N}\left[\left(x_i - \hat{x}_i\right)^2 + \left(y_i - \hat{y}_i\right)^2\right]} \tag{8.4.2}$$

共进行 J 次网络仿真时，节点的平均定位误差为 $w = \sum_{j=1}^{J}\text{RMSE}_j / J$，其中 N 为节点的个数，仿真结果如图 8-9 所示。

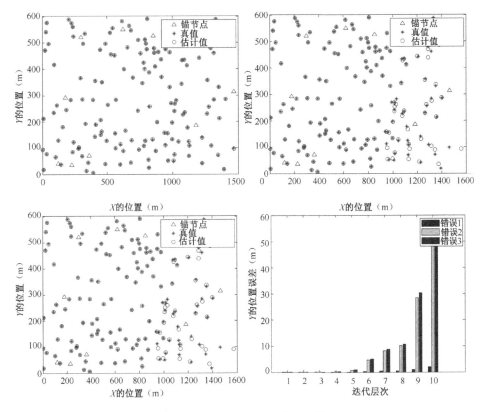

图 8-9　三种误差下的误差累积效应

从该图可以看出，误差累积效应在上述三种误差情况下，呈现总体增大的趋势；当仅有参考节点位置误差时，各层节点的定位误差增大的趋势不是十分明显；在只存在测距误差的情况下，各级节点的误差明显大于第一种情况；在两种误差的联合作用下，即在实际的递增式的节点定位算法中，各级节点的定位误差增加得更加明显。这说明在递增式定位算法中存在严重的误差积累问题，后级节点的定位精度明显低于前级节点。因此，需要对实际定位算法中产生的误差积累效应进行控制。8.4.2.2 节将介绍考虑节点之间局部拓扑关系的累积误差控制策略。

8.4.2.2　累积误差控制策略

本小节引入"层数"的概念，用来间接表示已知位置节点和未知节点之间的局部拓扑关系，对选择参与定位的节点进行控制。节点之间的信息传输格式如表 8-1 所示。

表 8-1　节点之间的信息传输格式

ID_i	$Layer_i$	x_i	y_i	T_p	T_c	T_{tran}

每一段数据的含义如下：

（1）ID_i 表示节点唯一的标识符。

（2）$Layer_i$ 表示节点所在的层数。

（3）x_i 表示二维空间下节点的 X 轴坐标。

（4）y_i 表示二维空间下节点的 Y 轴坐标。

（5）T_p 表示节点数据的发送时刻。

（6）T_c 表示节点数据的接收时刻。

（7）T_{tran} 表示节点数据的传播时延。

节点采用如下规则确定自身的层数。

规则 1：初始参考节点（锚节点）的层数为 0。

规则 2：根据初始参考节点估计位置的未知节点的层数为 1；根据层数为 1 的节点估计位置的未知节点的层数为 2，依次类推。

规则 3：当参考节点的层数不同时，未知节点的层数为参考节点中的最小层数加 1。

设某一未知节点已接收到 k 个参考节点的信息，那么该节点按照如下过程完成参考节点的优选排序过程，如图 8-10 所示。

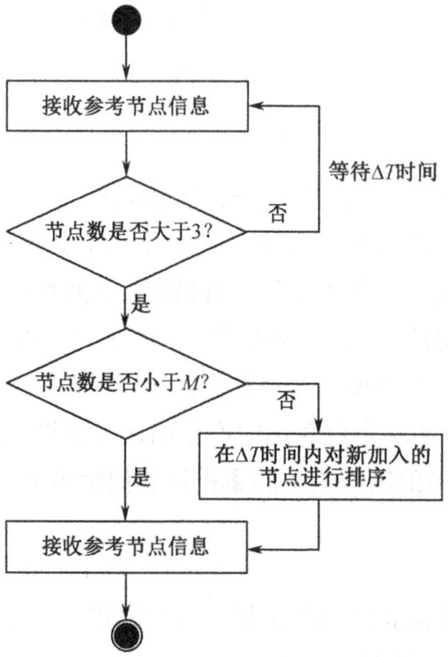

步骤 1：若参考节点个数 $k<3$，则转入步骤 2；若参考节点个数 $k\geqslant3$，则转入步骤 3。

步骤 2：等待 ΔT 时间，接收新的参考节点信息。

步骤 3：若参考节点个数 $k\leqslant M$，则转入步骤 5；若参考节点个数 $k>M$，则转入步骤 4。

图 8-10　参考节点优选排序流程

步骤 4：对 ΔT 时间内，对新加入的参考节点排序并进行筛选。

步骤 5：利用极大似然法或三边测量法估计未知节点的位置。

8.4.3　试验及分析

设节点均匀分布在 15 000m×1500m 的区域中，包含 200 个普通节点，锚节点的比例为 10%；节点的通信半径采用实物节点的真实通信半径为 3km；设节点位置误差服从均值为 0、均方差为 0.01m 的高斯分布；节点之间的测量距离服从均值为 0、均方差为 0.0001m 的高斯分布；共进行 50 次仿真试验，试验结果如图 8-11 和图 8-12 所示。由于在水下环境中锚节点数量较少，这里减少锚节点数量至 5，减少通信半径至 1000m，其他条件保持不变，仿真试验结果如图 8-13 所示。

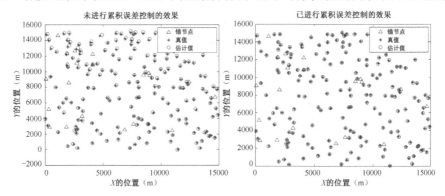

图 8-11　节点定位算法累积误差控制前后的效果

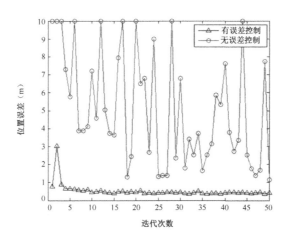

图 8-12　节点定位算法累积误差控制前后误差比较

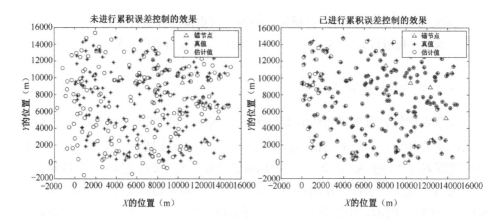

图 8-13　锚节点数量减少条件下的算法性能比较

为说明节点定位误差与锚节点数量、通信半径以及节点数量之间的关系，又分别进行了三个仿真试验，仿真试验结果如图 8-14 所示。

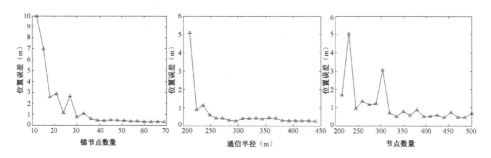

图 8-14　节点定位误差与锚节点数量、通信半径及节点数量的关系

上述试验表明：进行误差控制后算法的定位精度有明显的提高；在实际水下环境锚节点较少的情况下，改进算法的定位精度也可以较好地满足实际需要；进一步提高锚节点的比例、通信半径，节点定位误差曲线可以下降收敛到某一精度；当其他条件保持不变、进一步提高节点个数的条件下，节点定位误差曲线的初始阶段下降，然后有可能会出现上升的情况，这是由于节点个数增加，网络中节点的密度增大；未定位节点可参考的已定位的节点个数增加，可参考的信息量增加；同时，解算过程中 A 矩阵奇异的可能性也增加，因此会存在网络中节点个数越多，节点定位误差曲线反而上升的现象。

第9章

基于纯距离的水下声学传感器网络目标跟踪算法

......

9.1 引言

面向跟踪的水下声学传感器网络主要是由一定数量的声学传感器节点和运动观测站组成，能够自组织成网，并根据水下变化特征进行自动调整，实现协同的水下监控功能的传感器网络。水下声学传感器网络的一个主要应用是战术侦察和探测，可与潜艇或 UUV 配合实现协同目标跟踪。在与潜艇配合的方式下，水下声学传感器网络自组织成网，可以为潜艇间的信息交换提供可靠的通信网络，解决潜艇之间的远距离通信问题；当利用水下声学传感器网络进行跟踪时，可以扩大潜艇群协同作战系统的探测范围，满足潜艇作战"远"的要求。

与传统的水下声呐系统相比，水下声学传感器网络具有多站联合跟踪的优势，因此对于目标的跟踪可以达到较高的精度，能够对低信噪比的目标进行跟踪，可以实现多站联合观测的融合处理。另外，由于水下声学传感器网络的布放范围广，其突出的特点是扩大了水下目标探测的范围。

本章主要关心"远距离"和"低能耗"的问题，在以往的研究中，目标跟踪主要采用的是纯方位的测量手段，而本书采用了纯距离的测量方法。

9.2　测距的可实现性

本节主要研究如何利用水听器获得目标的距离信息，进而实现对目标的定位与跟踪。在以往的研究中，已有很多利用声音信号进行目标定位与跟踪的例子，如声呐就是利用水听器采集声波在水中的传播，完成水下目标的探测和通信任务。视频会议也是利用麦克风阵列采集声音信息来实现对讲话人的室内定位。在空旷区域建立传感器网络，可以通过采集移动设备的声音特征来实现对它的定位与跟踪。

在合作目标的定位与跟踪中，双方可以进行精确的时间同步，此时可以采用测量 TOA 的方法获得距离信息，完成对合作目标的定位与跟踪，其数学模型如8.2.4 节中所示。但是，在对敌目标进行跟踪的过程中，由于水声传感器节点无法与敌目标舰艇进行时间同步，无法利用直接测量 TOA 或 TDOA 的方法进行目标跟踪，而声强随着距离的增加而衰减，在物理学上已有相应的研究。此时采用声强模型后，再利用简单的定位方法，可以实现对目标的定位和跟踪，并满足一定的精度要求。

9.2.1　单目标的声强测距模型

假设 N 个传感器节点已经预先部署在特定区域，并且节点位置已知，目标进入检测区域后，其辐射的声音信号可以被邻近的节点检测到。这些节点在网络协议的支持协同下，可得到目标的相对或绝对位置。

首先考虑声强的衰减特性[256]。假设声音的传播是各向同性的，其强度随着距离的增加而衰减。若不考虑波形叠加等因素，声强随距离衰减的模型为：

$$E_i = \frac{A}{\| x_i - x \|^\alpha} + v_i \quad (i = 1, 2, \cdots, N) \tag{9.2.1}$$

式中，E_i 表示节点 i 处检测到的声音能量；x_i 为节点 i 处的位置信息；x 是目标的位置信息；$\alpha > 0$ 为衰减系数；v_i 表示传感器的测量噪声。根据声强值 E_i，可对应节点 i 与目标的距离。当有多个这样的测量值时，就可以估计目标的距离信息。

9.2.2　多目标的声强测距模型

同样假设网络中有 N 个传感器节点以及 K 个目标。由于传感器的探测距离通常在几千米至几十千米甚至更远，因此可以将目标视为点声源。假设水声信号的传播是各向同性的，K 个目标的声强信息在节点 i 处的叠加是线性的，这时有：

$$E_i = S_i + v_i \qquad (9.2.2)$$

其中：

$$S_i = \gamma_i \sum_{k=1}^{K} \frac{A_i}{\| x_i - x \|^{\alpha}} \quad (i=1,2,\cdots,N) \qquad (9.2.3)$$

式中，v_i 为背景噪声，可以把它建模为均值为 0、方差为 σ_i^2 的加性高斯白噪声；γ_i 为第 i 个声学传感器节点的增益因子。

9.3　分布式跟踪系统结构

对于多传感器条件下的目标跟踪问题，跟踪系统通常采用集中式结构，即将所有的观测量都发送到中心节点，而且整个数据处理过程也集中在固定的中心节点上，由中心节点对目标进行跟踪估计。然而，由于水下传感器网络节点受能量等约束条件的限制，集中式的通信和信号处理所带来的大量能耗会导致中心节点瘫痪，进而导致传感器网络的瘫痪。从观测效率角度来说，中心节点接收所有节点的观测数据，然而超出探测精度范围的传感器传送的观测量都是无用的，这样不仅浪费了有限的通信带宽，而且降低了跟踪精度，因此集中式的跟踪结构不适合面向跟踪的水下传感器网络。

在这种情况下，我们可以采用分布式跟踪结构实现对目标的跟踪；在大范围区域内，多个节点协同工作的方式具有提高覆盖范围、提高感知能力、提高定位精度的特点。但是，多个节点相互配合工作的代价是产生大量的通信负荷和计算负担。对于能量稀缺的传感器网络，通信负担严重缩短了节点和整个网络的生命期，因此有必要建立合理的跟踪结构以及设计能量高效的通信协议等。

9.3.1　动态簇的组建

与传统的跟踪系统以高精度的目标跟踪算法为设计中心不同，基于无线传感器网络的目标跟踪系统的设计重点在于根据目标实时状态动态组建合理的网络跟踪结构，使得传感器网络在完成目标跟踪的同时，尽量节省网络能量消耗，延长网络存活寿命。

无线传感器网络节点个数通常很多，可以达到成百上千。为了方便节点管理和数据传输，无线传感器网络常常采用簇形结构；簇形传感器网络通常分为若干个簇组织，每个簇组织由一个簇头节点和若干个簇成员节点组成。在簇形传感器网络中，簇成员节点通过单跳和多跳方式与簇头节点相连，所有簇头节点直接或通过若干个中间节点与 sink 节点相连。

簇组织可以分为静态簇和动态簇两种。静态簇是在布网初期组建，一旦组建完成，该类型簇的结构将固定不变。静态簇的组建方法简单，但适应能力和生存能力都比较差。动态簇是由目标事件激发组建，可以根据目标事件的实时状态决定自身的位置和规模。动态簇的适应能力和生存能力都比较强，但组建和维护过程比较复杂。目前，在 WSN 中出现了许多静态簇或动态簇的构建算法，主要服务于网络的路由建设、带宽利用、数据聚合以及目标跟踪等。

根据动态簇的特点，动态簇特别适用于移动目标跟踪。基于动态簇的目标跟踪的基本思想是：根据目标的实时状态，组织目标附近的一些传感器节点构建成一个小规模的临时动态簇，完成目标信息的采集、测量数据的聚合以及目标状态的估计等操作；当目标位置发生变化时，动态簇丢弃一些远离目标的旧节点并补充一些靠近目标的新节点，或者直接构建新的簇组织。由于动态簇始终由目标附近的一些传感器节点组成，因此基于动态簇的目标跟踪方法能够在维持跟踪精度的同时，有效降低网络能量消耗。

本节介绍了一种综合考虑节点感应信息和节点能量信息的组簇算法[257-261]，具有组簇失败概率低和网络寿命长的特点。动态簇的组建过程包括探测到目标的传感器节点竞选簇头和簇头对簇成员的征集。设所有节点在布放之前已经完成时间同步，组簇的具体过程描述如下所述。

步骤 1：设感应到目标的节点 i 的测量值为 z_i ，当前电量为 E_i ，定义：

$$\tau_i = f_1(z_i) f_2(E_i) \tau_{\max} \tag{9.3.1}$$

为节点 i 参与簇头竞争的 BOT ，其中，f_j $(j=1,2)$ 是 $[0,1] \to [0,1]$ 上的单调增函数，$\tau_{\max}$ 是系统允许的最大组簇时延。

如果节点测量的是 TOA 信息，则式（9.3.1）可以表示为：

$$\tau_i = f_1\left(1 - \frac{E_i}{E_{\max}}\right) f_2\left(\frac{z_i}{z_{\max}}\right) \tau_{\max} \tag{9.3.2}$$

式中，z_{max} 表示节点的最大探测半径与声信号传播速度的比值；z_i 表示测量到的 TOA 值；E_{max} 表示节点电池的最大电量；由于 $z_i/z_{max} \leqslant 1$，$E_i/E_{max} \leqslant 1$，τ_i 的上限为 τ_{max}，而且 z_i 越小、E_i 越大，τ_i 的值越小。

如果节点采用能量模型，则式（9.3.1）可以表示为：

$$\tau_i = f_1\left(1 - \frac{E_i}{E_{max}}\right) f_2\left(\frac{z_{min}}{z_i}\right)\tau_{max} \tag{9.3.3}$$

式中，z_{min} 表示能够探测到的最小能量值；z_i 表示测量到的能量值；E_{max} 同样表示节点电池的最大电量；由于 $E_i/E_{max} \leqslant 1$，$z_{min}/z_i \leqslant 1$，τ_i 的上限为 τ_{max}，而且 E_i 越大、z_i 越大，τ_i 的值越小。

步骤 2：若节点 i 在 BOT_{τ_i} 终止时还没有收到其他节点的簇头当选信息，节点 i 在 BOT_{τ_i} 终止时发出簇头当选信息，成为簇头。簇头当选信息包括节点 i 的节点标识，节点坐标、BOT 信息。

步骤 3：若节点 i 在 BOT_{τ_i} 终止前收到其他节点的簇头当选信息，节点 i 取消 BOT_{τ_i}，退出簇头竞选。同时，节点 i 存储簇头的节点标识和坐标，成为簇成员。考虑到节点之间通信存在延迟，所以会出现 BOT_{τ_i} 相近的节点都发出簇头当选信息，即出现了虚假簇头。所以在节点收到簇头当选信息时，记录并比较 BOT_{τ_i}，从而辨别虚假簇头。

步骤 4：处于休眠状态的其他节点收到簇头当选信息后转入激活状态，也存储簇头标识和坐标，成为簇成员。

从簇组建过程可知，BOT 越小，即剩余电量越多、距离目标越近的节点越有可能成为簇头。簇成员包含簇头竞选中落选的节点和簇头传输范围内原本处于休眠状态的节点。由于节点的传输半径通常大于探测半径的两倍，这就保证了只会形成一个簇。

根据式（9.3.1）可知，设定簇头竞选 BOT 时，函数 f_j 可具有不同的形式。为了灵活调整节点电量和节点测量在簇头竞选中所占权重，本书设：

$$f_j(x) = x^{\beta_j} \quad (\beta_j > 0) \tag{9.3.4}$$

记 $w = \beta_1/\beta_2$，w 越大，节点电量在簇头竞选中所占的权重越大；w 越小，节点测量量所占权重越大。簇头作为处理和管理中心，簇头消耗的电量较多，因此电量低的节点当选簇头容易导致簇的失败。现以式（9.3.3）为例，证明簇头竞选时将节点电量考虑在内，即 $w > 0$，可以降低簇失败的概率。

证明：假定节点 i ($i = 1, 2, \cdots, N$) 的电量在 $[0, E_{max}]$ 内均匀分布，E_{min} 为簇头工作所需的最小电量，电量低于 E_{min} 的节点当选簇头预示着簇的失败。根据式

（9.3.1），当 $w=0$ 时，当选簇头的节点为：

$$k = \arg \min_{i=1,2,\cdots,N}\left(\frac{z_0}{z_i}\right) = \arg \max_{i=1,2,\cdots,N} z_i \tag{9.3.5}$$

节点 k 当选簇头时，簇失败的概率为：

$$p_k = p\left(E_k < E_{\min}\right) = \frac{E_{\min}}{E_{\max}} \tag{9.3.6}$$

当 $w>0$ 时，当选簇头的节点为：

$$k' = \arg \min_{i=1,2,\cdots,N}\left(1-\frac{E_i}{E_{\max}}\right)\left(\frac{z_0}{z_i}\right) \tag{9.3.7}$$

由上述分析可知

$$\left(1-\frac{E_k'}{E_{\max}}\right)\left(\frac{z_0}{z_k'}\right) \leqslant \left(1-\frac{E_k}{E_{\max}}\right)\left(\frac{z_0}{z_k}\right) \tag{9.3.8}$$

又因为 $z_k \geqslant z_k'$，所以 $E_k' \geqslant E_k$，这样节点 k' 当选簇头时，簇失败的概率为：

$$p_k' = p\left(E_k' < E_{\min}\right) \leqslant p\left(E_k < E_{\min}\right) = p_k \tag{9.3.9}$$

可见，考虑节点电量的簇头竞选方案能够降低簇失败的概率。此外，由于此方案倾向于电量多的节点当选簇头，电量少的节点成为簇成员，因此能够有效平衡节点间的电量水平，延长网络寿命。

9.3.2　基于动态簇的目标跟踪过程

（1）动态簇的初始化。监视区域未发现目标时，传感器节点彼此独立，不形成簇结构。动态簇由目标事件触发组建。当目标逼近监视区域时，网络边界处于监听状态的节点发现目标。发现目标的节点根据电池电量和信号测量设定簇头竞选 BOT，竞选簇头，组织建簇。由于簇头竞选 BOT 开始于发现目标时刻，因此最早发现目标的节点最有可能当选第一个簇的簇头。

（2）簇内数据融合和处理。簇工作过程中，簇成员负责探测和汇报目标信息，簇头负责接收簇成员的目标信息、估计目标状态和汇报估计结果；该部分内容将在本章后续章节中进行介绍。

（3）动态簇的重组。收到簇重组信息以后，簇成员首先清除当前簇头信息，退出该簇，然后判断当前本地有无感应到目标。若感应到目标，簇成员根据当前电池电量和信号测量设定簇头竞选 BOT，参与新一轮簇头竞选；否则，转入休眠状态。

（4）目标丢失检测和目标恢复。由于在设定簇工作寿命时的依据是目标速度的经验值或先前簇的估计结果，若目标速度发生改变，在簇工作寿命终止时，目标可能会超出簇头和所有簇成员的传输范围，使得目标跟踪中断。因此，簇头在发出簇重组信息之后，需要加入目标丢失检测和目标恢复机制。

目标丢失检测：簇头发出簇重组信息之后，设定进行目标丢失检测的 BOT_λ，长度等于簇头 BOT 的上限，即 $\lambda = \tau_{max}$；簇头若在 BOT_λ 终止前，收到下一簇头的当选信息，则取消 BOT_λ，存储下一簇头信息，作为簇成员加入该簇；簇头若在 BOT_λ 用完时还没有收到下一簇头的当选信息，则启动目标恢复机制。

目标恢复：簇头提高发射功率，扩大传输半径，激活更大范围内的节点；被激活的节点感应到目标，竞选簇头，重新组簇。若启动目标恢复机制后仍无簇形成，则认为目标已经超出传感器的监视范围。

根据上述跟踪系统，当目标在监视区域内运动时，每隔一段时间便会有一个新簇在目标周围动态形成，完成目标信号的采集和目标状态的估计，而在此期间，监视区域内的其他节点一直处于休眠状态。

9.4 基于粒子滤波的分布式目标跟踪算法

9.4.1 基于加权质心的预处理机制

在跟踪算法中，预估初始点的选取异常关键。当预估初始点与实际位置比较接近时，系统可以快速收敛，否则可能发散。针对该现象，本书给出了一种基于加权质心的初始预估点的预处理机制，该方法比最近点法以及随机选取法具有更好的估计效果。

由于本书所论述的水下声学网络采用的是分簇的体系结构，这样组网后簇头与簇内节点之间可以进行信息交换。这里假设簇内节点均已获得自己的二维地理位置信息，节点可以间接或直接测量到信号的距离信息，数据处理过程在簇头节点进行，则加权质心法的计算步骤如下所示。

步骤 1：簇内节点感知到信号信息后，将包含自身 ID 和位置信息的信号发送给簇头。

步骤 2：当簇头在规定的门限时间内接收到大于或等于三个的距离信息时，如果可以直接测量到距离信息，则采用式（9.4.1）计算权重比：

$$w_1 : w_2 : \cdots : w_K = r_1 : r_2 : \cdots : r_K \tag{9.4.1}$$

式中，K 为测量值的数量；如果测量的是信号的强度信息，根据式（9.2.1）的强度模型，则采用式（9.4.2）计算权重比：

$$w_1 : w_2 : \cdots : w_k = \frac{A}{\|x_1 - x\|^\alpha} : \frac{A}{\|x_2 - x\|^\alpha} : \cdots : \frac{A}{\|x_k - x\|^\alpha} = \frac{1}{r_1^\alpha} : \frac{1}{r_2^\alpha} : \cdots : \frac{1}{r_K^\alpha} \qquad (9.4.2)$$

步骤 3：计算目标的预估初始位置，设节点的位置为 (x_i, y_i)，$i = 1, 2, \cdots, K$，目标初始点的估计值如式（9.4.3）所示；

$$x_0 = \frac{\sum_{i=1}^{K} w_i x_i}{\sum_{i=1}^{K} w_i}, \quad y_0 = \frac{\sum_{i=1}^{K} w_i y_i}{\sum_{i=1}^{K} w_i} \qquad (9.4.3)$$

在目标定位阶段，簇头将利用上述方法得到的估计值作为非线性滤波算法的初始点，进而提高算法的准确性和收敛速度。

9.4.2　分布式粒子滤波算法

本节针对水下声学传感器网络中提出的分布式目标跟踪问题，给出两种分布式的粒子滤波算法：并行粒子滤波器（Parallel Particle Filters，PPF）算法[262]和信息粒子滤波器（Information Particle Filters，IPF）算法。PPF 将粒子集分成多个小的子集，分配到簇中的各个子节点，各子节点并行进行粒子滤波过程。IPF 以簇头作为簇的处理中心，利用信息扩展卡尔曼滤波器结合当前的观测量，产生 PF 的建议分布，使用 PF 获得对目标状态的本地估计。IPF 和 PPF 算法随着位置的不断变化，将本地估计在簇头之间传递。

9.4.2.1　并行粒子滤波算法

在 PPF 算法中，将整个粒子集合分成 M 个子集，将各子集同时分配到簇中的各个节点，在各个节点上并行地进行粒子滤波算法。在 PPF 中，各个节点之间没有直接的粒子交换，能够尽量避免通信开销。设 n_j 为第 j 个节点上分配的粒子数，在采样时刻 k，第 j 个节点中的第 i 个粒子对应为 $\{X_k^{i,j}, w_k^{i,j}\}$。基于前面所描述的动态分簇结构，水下声学传感器网络中的 PPF 算法具体实现如下所述。

步骤 1：算法初始化。

即在 $k = 0$ 的初始时刻，设动态分簇跟踪系统已经建立，当前簇内有 M 个节点，第 j 个节点上分配了 n_j 个粒子，根据先验概率 $p(X_0 | z_0)$ 进行采样，均匀分布初始粒子集，使每个粒子具有相等的权重。

步骤 2：簇内节点的粒子采样。

在采样时刻 k，已知前一采样时刻的粒子集为 $\left\{X_{k-1}^{i,j}, w_{k-1}^{i,j}\right\}$，通过状态方程 $p(X_k \mid X_{k-1}^{i,j})$ 预测目标状态，并采样新的粒子，如式（9.4.4）所示：

$$X_k^{i,j} \sim q\left(X_k \mid X_{k-1}^{i,j}, z_k\right) = p\left(X_k \mid X_{k-1}^{i,j}\right) \tag{9.4.4}$$

步骤 3：簇内节点的粒子更新与聚合。

各个节点接收到当前的观测量，以 Bootstrap 方法为例，粒子权重的表达式为：

$$W_k^{i,j} \propto w_{k-1}^{i,j} = \frac{p\left(z_k \mid X_k^{i,j}\right) p\left(X_k^{i,j} \mid X_{k-1}^{i,j}\right)}{q\left(X_k^{i,j} \mid w_{k-1}^{i,j}, z_k\right)} = W_{k-1}^{i,j} p\left(z_k \mid X_k^{i,j}\right) \tag{9.4.5}$$

计算第 j 个节点的聚合数据为：

$$S_k^j = \sum_{i=1}^{n_j} w_k^{i,j} \tag{9.4.6}$$

$$X_k^j = \sum_{i=1}^{n_j} X_k^{i,j} w_k^{i,j} \tag{9.4.7}$$

$$G_k^j = \sum_{i=1}^{n_j} \left(w_k^{i,j}\right)^2 \tag{9.4.8}$$

$$P_k^j = \sum_{i=1}^{n_j} w_k^{i,j} X_k^{i,j} \left(X_k^{i,j}\right)^{\mathrm{T}} \tag{9.4.9}$$

以上各式中，X_k^j 是为归一化的本地估计数据；S_k^j 为相应的为归一化的权重；P_k^j 和 G_k^j 分别用于计算状态估计误差以及控制退化的产生。

步骤 4：上载数据。

将各个簇内成员节点的聚合数据集 $\left\{S_k^j, X_k^j, G_k^j, P_k^j\right\}$ 上传至簇头节点。

步骤 5：状态估计。

在簇头节点和簇内节点同时进行状态估计。簇头节点对来自其他节点的权重进行求和：

$$C_k = \sum_{j=1}^{M} S_k^j \tag{9.4.10}$$

计算全局估计和方差，并传送到汇聚节点：

$$\hat{X}_k = \sum_{j=1}^{M} \sum_{i=1}^{n_j} w_k^{i,j} X_k^j = \sum_{j=1}^{M} X_k^j / G_k \tag{9.4.11}$$

$$P_k = \sum_{j=1}^{M} \frac{X_k^j}{C_k} - \hat{X}_k \hat{X}_k^{\mathrm{T}} \tag{9.4.12}$$

各个簇头节点接收到全局估计，并根据该估计值计算当前的目标状态：

$$p(X_k \mid z_k) \propto \hat{X}_k \tag{9.4.13}$$

步骤 6：重采样。

如果有效粒子数低于指定门限，则重采样粒子集。置重采样标志位为 f，并传送到各个簇内节点，各个簇内独立进行采样过程：

$$\left\{ X_k^{i,j}, w_k^{i,j} \right\} \rightarrow \left\{ X_k^{i,j}, \frac{1}{n_j} \right\} \tag{9.4.14}$$

然而，为保持粒子集的一致性，需要定期进行全局重采样：

$$\left\{ X_k^{i,j}, w_k^{i,j} \right\} \rightarrow \left\{ X_k^{i,j}, \frac{1}{\sum_{j=1}^{N} n_j} \right\}, k = sC \tag{9.4.15}$$

式中，C 代表全局重采样周期；s 是自然数。

步骤 7：粒子交换。

当跟踪达到临界分簇条件时，需要在原簇头节点和新的簇头节点之间进行粒子的传递。为了减少通信量，可以采用 GMM 模型对粒子集进行近似，向新的簇头节点发送 GMM 参数；在新的簇头节点用 GMM 参数重建粒子集。

9.4.2.2 信息粒子滤波算法

分布式信息粒子滤波的建议密度可表示为：

$$q\left(X_k^i \mid X_{0:k-1}^i, Z_{1:k} \right) = N\left(\left(U_k^i \right)^{-1} \hat{u}_k^i, \left(U_k^i \right)^{-1} \right) \tag{9.4.16}$$

在水下声学传感器网络的分布式跟踪中，设在各个节点之间的观测是相对独立的，节点之间的联合观测可以分解为各个节点似然的积，即：

$$p\left(z_k^{1:M} \mid X_k \right) = \prod_{m=1}^{M} p\left(z_k^m \mid X_k \right) \tag{9.4.17}$$

结合上述两个式子，IPF 算法的粒子滤波权重计算可表示为：

$$w_k^i = \prod_{m=1}^{M} p\left(z_k^m \mid X_k^i \right) p\left(X_k^i \mid X_{k-1}^i \right) \Big/ q\left(X_k^i \mid X_{0:k-1}^i, Z_{1:k} \right) \tag{9.4.18}$$

在水下声学传感器网络中使用 IPF 算法的实现过程描述如下。

步骤 1：簇头节点跟踪初始化。

在跟踪的初始时刻建立跟踪簇，当前簇的簇头节点根据先验分布进行粒子的采样，$X_0^i : p(X_0)$，$i = 1, 2, \cdots, N$。

步骤 2：簇内节点上传观测量。

在采样时刻 k，各个簇内节点将本地观测量上传到簇头节点。

步骤 3：簇头节点信息量更新。

已知前一采样时刻的粒子集为 $\left\{ X_{k-1}^i, P_{k-1}^i, w_{k-1}^i \right\}$，每个粒子利用 IEKF 算法进行更新，获得更新后的信息集合为 $\left\{ \hat{u}_k^i, U_k^i \right\}$。

步骤 4：簇头节点进行粒子采样。

通过式（9.4.16）的建议密度公式进行粒子的采样，得到新的粒子集为 $\left\{ \tilde{X}_k^i \right\}$。

步骤 5：权重计算。

利用式（9.4.18）计算粒子的权重，进行归一化后得到新的权重集为 $\left\{ \tilde{w}_k^i \right\}$。

步骤 6：重采样。

如果有效粒子数低于预定的门限值，则重采样粒子集：

$$\left\{ \tilde{X}_k^i, \tilde{w}_k^i \right\} \to \left\{ \tilde{X}_k^i, \frac{1}{N} \right\} \tag{9.4.19}$$

步骤 7：本地估计。

在簇头节点，利用新的粒子 $\left\{ X_k^i, w_k^i \right\}$ 计算本地估计和方差，其中：

$$\hat{X} = E\left[X_k \mid Z_{1:k} \right] \approx \sum_{i=1}^N w_k^i X_k^i \tag{9.4.20}$$

$$P_k = \sum_{i=1}^N P_k^i - \hat{X}_k \hat{X}_k^{\mathrm{T}} \tag{9.4.21}$$

步骤 8：粒子传递。

当跟踪达到临界分簇条件时，需要在原簇头节点和新的簇头节点之间进行粒子的传递。为了减少通信量，可以采用 GMM 模型对粒子集进行近似，向新的簇头节点发送 GMM 参数；在新的簇头节点用 GMM 参数重建粒子集。

9.4.2.3　仿真试验与分析

为验证 IPF 和 PPF 算法的性能，本小节建立了由 100 个传感器节点组成的仿真环境，随机分布在 1500m×2500m 的区域中；节点的通信半径为 600m，感应半径为 300m，满足节点通信半径大于或等于感应半径 2 倍的条件，可以保证所有节点均可定位；设节点位置误差服从均值为 0、均方差为 0.01m 的高斯分布；节点之间的测量距离服从均值为 0、均方差为 0.0001m 的高斯分布。目标在该环境中进行匀速转弯运动，转弯率 $w = 0.02$；初始误差均方差矩阵为：

$$\boldsymbol{P}_0 = \begin{pmatrix} 1 & 0 & 0 & 0 \\ 0 & 0.5 & 0 & 0 \\ 0 & 0 & 1 & 0 \\ 0 & 0 & 0 & 0.5 \end{pmatrix} \tag{9.4.22}$$

系统噪声 w_k、观测噪声 v_k 服从均值为0、方差为1m的正态分布，且系统噪声、观测噪声互不相关；仿真粒子数设为100，共进行了100次仿真，仿真时间间隔为 $T = 1\mathrm{s}$，仿真结果如图9-1～图9-3所示。

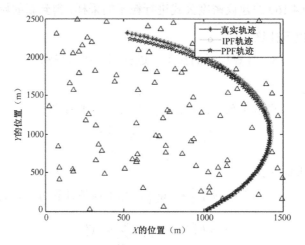

图 9-1　跟踪轨迹

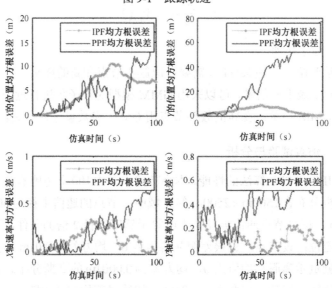

图 9-2　待估变量的 RMSE

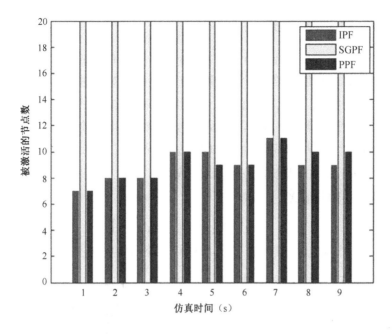

图 9-3　IPF、SGPF 与 PPF 算法中被激活的节点数

9.5　基于量化观测理论的改进粒子滤波算法

水下传感器网络中节点的能量、计算和水声通信能力有限，并且节点容易失效，使得水下传感器网络的拓扑结构经常发生变化，在分析和设计传感器网络的各类问题时，如路由协议、拓扑控制、定位技术、数据融合等，都需要适应这些特点和变化。同样，传感器网络中的分布式信号处理方法也需要考虑能量和带宽的约束，每个传感器在发送数据时需要将本地数据压缩，这是该方法区别于传统信号处理方法的显著特征，同时也给传感器网络中的分布式信号处理带来了挑战。传感器节点测量目标距离时，常用的减小测量误差的方法一般有两种：一是提高分辨率，如使用多比特的 A/D 转换器；二是增加采样率，使采样信号尽量逼近被测信号。这两种方法对于水声通信来说都是不合适的，因为它们都需要增加相当大的传输频带带宽。近年的研究成果表明，传感器网络中的分布式检测和估计都考虑了带宽约束和能量约束，传感器需要将观测量量化后再发送给数据融合中心，因此本节给出了一种基于量化观测的目标状态估计算法来跟踪机动目标[263,264]。

9.5.1 量化估计原理

假设每个簇内节点的数目为 N，在 k 时刻，每个传感器都需要对其观测数据 z_k 进行量化，然后发送给所在簇的簇首，如果直接对 z_k 进行量化，当 z_k 比较大时量化误差会很大，因此需要给定一个测量门限去实现这个量化过程，在测量门范围里的量才进行量化、编码，然后发送，在测量门范围外的数据则丢弃。在 k 时刻，假设前一时刻的状态估计值为 $\hat{X}_{k-1|k-1}$，$\hat{X}_{k-1|k-1}$ 为基于前 $k-1$ 个时刻的所有量化观测数据得到的状态估计值，这时簇首依据 $\hat{X}_{k-1|k-1}$ 及状态更新方程可以得到目标状态的预测值 $\hat{X}_{k|k-1}$，即：

$$\hat{X}_{k|k-1} = f_k\left(\hat{X}_{k-1|k-1}, w_{k-1} = 0\right) \tag{9.5.1}$$

然后，簇首广播状态预测值 $\hat{X}_{k|k-1}$ 到簇内各个传感器节点，节点再根据每个传感器的观测方程计算出观测预测值 $\hat{z}_{k|k-1} = h_k\left(\hat{X}_{k-1|k-1}, v_{k|k-1} = 0\right)$，然后节点对 $\varepsilon_k = z_k - \hat{z}_{k|k-1}$ 进行量化。基于量化观测的状态估计过程如图 9-4 所示。

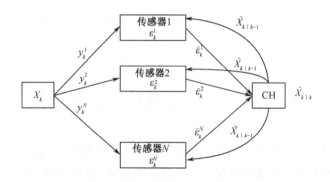

图 9-4　基于量化观测的状态估计过程

由于 ε_k 服从近似零均值的高斯分布，因此我们采用如下的 μ 律压缩方式：

$$y = \frac{V\ln\left(1 + \dfrac{\mu|x|}{V}\right)}{\ln\left(1 + \mu\right)} \operatorname{sgn}(x) \quad (-V \leqslant x \leqslant V) \tag{9.5.2}$$

式中，μ 为压缩系数；y 为归一化的压缩器输出信号；x 为归一化的压缩器输入信号。输入信号先压缩，再进行均匀量化和编码，然后在接收端解码再扩张，重建输入信号[265,266]。

一般当观测噪声为加性噪声时，可以采用 3-sigma 原则，以 $\mu(\cdot)$ 表示 μ 律量化，则量化过程可以表述为：

$$\overline{\varepsilon}_k = \begin{cases} \mu(\varepsilon_k) - 3 & (\sigma_m \leqslant \varepsilon_k \leqslant 3\sigma_m) \\ 3\sigma_m & (\varepsilon_k > 3\sigma_m) \\ -3\sigma_m & (\varepsilon_k < -3\sigma_m) \end{cases} \tag{9.5.3}$$

在簇首,有 y_k 的量化值 $y_k = \varepsilon_k + \hat{y}_{k|k-1}$。

9.5.2　试验与分析

为验证算法性能,本小节建立了由多个节点组成的试验环境。目标状态估计算法仍然采用 6.5.3 节中介绍的基于遗传算法的改进粒子滤波算法。设节点均匀分布在 1500m×1500m 的区域中,包含 200 个普通节点,锚节点的比例为 10%;节点的通信半径采用实物节点的真实通信半径 3km;设节点位置误差服从均值为 0、均方差为 0.01m 的高斯分布;节点之间的测量距离服从均值为 0、均方差为 0.0001m 的高斯分布。目标采用匀速转弯模型,转弯率 $w = 0.02$;采用多观测站对目标进行观测。初始误差均方差矩阵为同式(9.4.22);系统噪声 w_k 服从均值为 0、方差为 1m 的正态分布;观测噪声 v_k 也服从均值为 0、方差为 1m 的正态分布,且系统噪声、观测噪声互不相关;仿真粒子数设为 100,共进行了 50 次仿真,仿真时间间隔为 $T=1s$,仿真试验结果如图 9-5 所示。

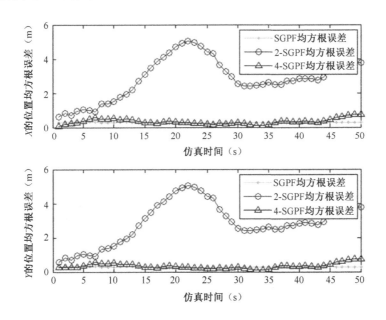

图 9-5　不同量化级数的误差曲线比较

现以最后一次仿真试验为例，给出在 2 位量化估计与 4 位量化估计下的量化数据比较，如表 9-1 所示。

表 9-1　某次仿真试验的不同量化级数的仿真数据比较

Times	1	2	3	4	5	6	7	8	9	10
SGPF	2.0000	2.0001	2.0000	2.0000	2.0001	2.0000	2.0001	2.0001	2.0001	2.0001
2-SGPF	1.9966	1.9966	1.9956	1.9966	1.9966	1.9956	1.9956	1.9966	1.9956	1.9966
4-SGPF	1.9989	1.9989	1.9989	1.9989	1.9989	1.9989	1.9990	1.9993	1.9990	1.9990

Times	11	12	13	14	15	16	17	18	19	20
SGPF	2.0001	2.0000	2.0000	2.0000	2.0000	2.0001	2.0000	2.0000	2.0001	2.0000
2-SGPF	1.9956	1.9956	1.9966	1.9956	1.9956	1.9966	1.9966	1.9956	1.9966	1.9956
4-SGPF	1.9993	1.9993	1.9993	1.9989	1.9993	1.9989	1.9993	1.9989	1.9992	1.9993

Times	21	22	23	24	25	26	27	28	29	30
SGPF	2.0001	2.0000	2.0001	2.0001	2.0001	2.0001	2.0001	2.0000	2.0001	2.0000
2-SGPF	1.9956	1.9956	1.9966	1.9966	1.9956	1.9956	1.9956	1.9956	1.9956	1.9966
4-SGPF	1.9993	1.9989	1.9993	1.9989	1.9990	1.9993	1.9989	1.9992	1.9989	1.9993

Times	31	32	33	34	35	36	37	38	39	40
SGPF	2.0001	2.0001	2.0001	2.0001	2.0000	2.0000	2.0001	2.0001	2.0001	2.0001
2-SGPF	1.9956	1.9956	1.9966	1.9956	1.9966	1.9956	1.9966	1.9966	1.9966	1.9966
4-SGPF	1.9990	1.9989	1.9993	1.9993	1.9989	1.9993	1.9993	1.9989	1.9993	1.9989

Times	41	42	43	44	45	46	47	48	49	50
SGPF	2.0001	2.0001	2.0000	2.0000	2.0001	2.0001	2.0001	2.0001	2.0001	2.0000
2-SGPF	1.9956	1.9956	1.9956	1.9966	1.9956	1.9966	1.9956	1.9956	1.9956	1.9966
4-SGPF	1.9989	1.9992	1.9990	1.9989	1.9993	1.9989	1.9989	1.9993	1.9993	1.9992

Times	51	52	53	54	55	56	57	58	59	60
SGPF	2.0000	2.0000	2.0000	2.0000	2.0001	2.0001	2.0000	2.0001	2.0001	2.0000
2-SGPF	1.9956	1.9966	1.9966	1.9956	1.9956	1.9956	1.9966	1.9956	1.9966	1.9956
4-SGPF	1.9989	1.9989	1.9989	1.9992	1.9989	1.9993	1.9989	1.9990	1.9992	1.9990

Times	61	62	63	64	65	66	67	68	69	70
SGPF	2.0001	2.0000	2.0001	2.0001	2.0001	2.0001	2.0001	2.0001	2.0000	2.0001
2-SGPF	1.9966	1.9966	1.9966	1.9966	1.9956	1.9956	1.9956	1.9956	1.9966	1.9956
4-SGPF	1.9993	1.9993	1.9992	1.9992	1.9993	1.9993	1.9990	1.9992	1.9993	1.9993

Times	71	72	73	74	75	76	77	78	79	80
SGPF	2.0000	2.0001	2.0001	2.0001	2.0000	2.0001	2.0001	2.0000	2.0001	2.0001
2-SGPF	1.9966	1.9956	1.9956	1.9956	1.9956	1.9956	1.9966	1.9956	1.9956	1.9966
4-SGPF	1.9993	1.9989	1.9990	1.9993	1.9992	1.9992	1.9993	1.9992	1.9992	1.9989
Times	81	82	83	84	85	86	87	88	89	90
SGPF	2.0001	2.0000	2.0000	2.0001	2.0001	2.0001	2.0000	2.0000	2.0000	2.0001
2-SGPF	1.9966	1.9966	1.9966	1.9966	1.9966	1.9956	1.9956	1.9966	1.9966	1.9956
4-SGPF	1.9989	1.9993	1.9992	1.9993	1.9989	1.9989	1.9989	1.9993	1.9993	1.9989
Times	91	92	93	94	95	96	97	98	99	100
SGPF	2.0001	2.0001	2.0001	2.0001	2.0000	2.0001	2.0000	2.0000	2.0001	2.0001
2-SGPF	1.9956	1.9956	1.9956	1.9966	1.9966	1.9956	1.9966	1.9966	1.9956	1.9966
4-SGPF	1.9992	1.9993	1.9989	1.9990	1.9989	1.9993	1.9992	1.9990	1.9993	1.9993

　　上述试验结果表明,经过 2 位量化和 4 位量化后的改进算法的状态估计精度可以满足实际需要,并且 4 位量化的精度高于 2 位量化的精度,更加接近于没有量化的数据;对于格式固定的数据包来说,未经量化的数据需要 N 位表示;经过数据量化后的数据只需 M 位表示,那么改进后的数据包个数约为原数据包个数的 M/N。

第 10 章

水下声学传感器网络目标
跟踪原型系统

· · · · · · · ·

10.1　引言

目标跟踪是无线传感器网络中的重要研究课题，有很多的应用场景，如设备与资源管理、室内人员与机器人导航、灾难响应与救援、智能交通等。与传统的基于 GPS 或基于 802.11 基站的定位系统相比，无线传感器网络具有成本低、部署方便、灵活机动、隐蔽性高等优势。但是，基于传感器网络的目标跟踪系统的设计还面临很多挑战。如：传感器节点能量有限、通信范围小、处理能力弱，对目标检测和区分、网内信息处理、数据传输等关键问题提出挑战。

当前无线传感器网络领域中著名的目标跟踪系统有：OSU 的 The Line in the Sand 系统，模拟军事救援和入侵检测应用，节点通过磁力传感器检测和区分装甲车、士兵枪支等金属移动目标；MIT 的 Cricket 系统，基于超声波信号与射频信号进行 TDOA 测距，为移动目标提供定位支持；Harvard 大学的 MonteTrack 系统应用于火灾救援等紧急事件响应场景，采用射频电子地图匹配方法进行受灾人员与救援人员的定位与跟踪；Vanderbilt 大学的 Countersniper 系统则使用专用的冲击波传感器和声音传感器确定子弹发射位置以及浙江大学申发兴等人开发的 NemoTrack 等。

本书在上述工作的基础上，结合水下环境的特点，设计了基于声学传感器网络的目标跟踪系统的原型系统。该系统主要具有如下几个特点：

（1）水声节点自主研发。

（2）网络容易部署，无须系统初始建立和配置过程。

（3）分布式系统，具有良好的可扩展性。

（4）数据融合算法、加权质心算法以及基于地理位置信息的路由算法可以较好地降低能量消耗。

10.2　水声节点硬件结构

传感器节点由传感器模块、处理器模块、无线通信模块和能量供应模块四部分组成，如图 10-1 所示。传感器模块负责监测区域内信息的采集和数据转换；处理器模块负责控制整个传感器节点的操作，存储和处理本身采集的数据以及其他节点发来的数据；通信模块主要负责与其他传感器节点进行通信，交换控制消息和收发采集的数据；能量供应模块为传感器节点提供运行所需的能量，通常采用电池供电。由于水声通信模块是水下自组织网络物理层的关键环节，也是网络节点实体的重要组成部分，本节主要介绍水声通信模块的硬件设计。

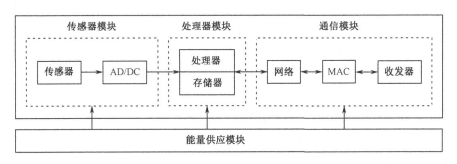

图 10-1　传感器节点体系结构

10.2.1　水声通信模块主要功能

水声通信收发装置主要是采用半双工的方式工作，当发射机的通信换能器对外发送通信信号时，接收机的水听器不能进行工作，处于关断状态，否则较强的发射信号被水听器接收放大后，会造成电路的饱和与异常；当发射机不发送通信信号时，水听器处于监听状态，从而对其他网络节点的通信信号以及周围环境的水声信号进行侦听。

水声通信发射装置需要完成的工作包括：通过计算机串口得到需要发送的数据信息，按照通信协议的要求，完成对原始信息的编码、打包、基带成形、调制及数据帧的生成工作，得到采样频率为100kHz的水声通信信号，并在相应时序的控制下，将数据信号送入数模转化芯片进行转换，从而得到需要发送的水声通信模拟信号。

水声通信接收装置需要完成的工作包括：对水听器侦听得到的声压模拟信号进行滤波处理，滤除带外干扰噪声，并对滤波后的信号进行放大，使其幅度位于AD芯片的合理输入范围之内，AD芯片以100kHz的采样频率对模拟通信信号进行采样，并进行帧同步判断，当发现有通信信号到达时，即启动整个通信帧接收过程，完成上述水声通信信号处理算法要求的初步多普勒频移补偿、数字滤波、下变频解调、成形滤波、位同步判断、数字均衡、解包、解码等大量处理工作，最后恢复得到的信息，完成信息的显示与收集。

10.2.2　水声通信模块结构

为保证水声通信信号处理的实时性，发射装置和接收装置要在短时间内完成大量的数字信号处理工作，这里选用具有高速数字信号处理能力的 DSP 技术，并借助"软件无线电"的思想，完成水声信号的处理。选择 DSP 芯片时，通常需要考虑运算速度、指令系统、内部资源、外部接口、开发环境等几个方面，这里选用由德州仪器（TI）生产的 TMS320VC5502 作为系统的核心器件，该芯片具有如下的特点：

（1）高速的处理速度：TMS320VC[267-269]是 C55x 系列中执行速度最快的定点 DSP 处理器，其内部时钟速度可以达到300MHz，同时内部多总线、双 MAC结构，大大提高了芯片的计算能力和执行效率，相比于 120MHz 的 C54x 系列的DSP，该芯片具有 5 倍的性能提升。

（2）超低功耗：通过采用低功率设计和功率管理技术，TMS320VC5502 具有超低能耗，可以大大节省系统电能，延长使用寿命。

（3）可变的指令长度：TMS320VC5502 的指令长度从 8bit 到 48bit，这种可变的指令长度使每个函数的控制代码量比 C54x 系列降低 40%左右，从而节省存储器的使用空间。

（4）丰富的内部资源和外部接口：相比于 C54x 系列，TMS320VC5502 内部集成了更为丰富的功能模块和接口电路，可以方便地与其他设备配合使用。

通过上述分析，TMS320VC5502 具有较好的综合性能，可以满足本系统的处理需要，同时为系统功能的进一步扩展提供了充足的资源空间。水声通信模块的硬件结构和核心数据处理单元硬件结构等如图 10-2～图 10-5 所示。

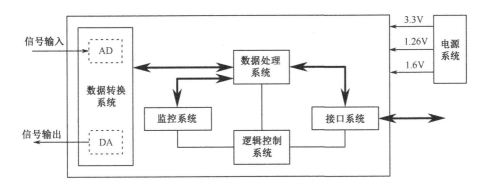

图 10-2 水声通信模块硬件结构图

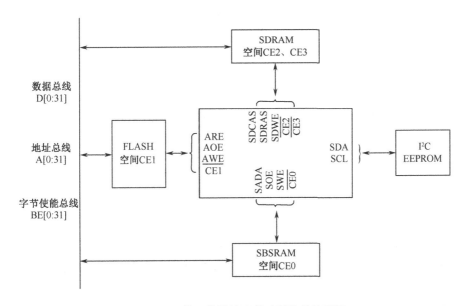

图 10-3 核心数据处理单元硬件结构框图

（a）信号处理电路板　　　　　　　　　（b）数据采集电路板

图 10-4　水声通信信号处理电路板实物图

图 10-5　水下网络节点装置

10.3　软件体系结构

从软件功能上看，本书设计的基于水下声学传感器的目标跟踪原型系统的体系结构可以分为如下 10 个组件：水声信号收发组件、节点属性编辑器、节点间测距组件、网络结构组件、可靠路由传输协议、数据库管理组件、目标运动噪声接收组件、数据融合算法、加权质心算法、目标跟踪滤波算法。它们结构关系如图 10-6 所示。

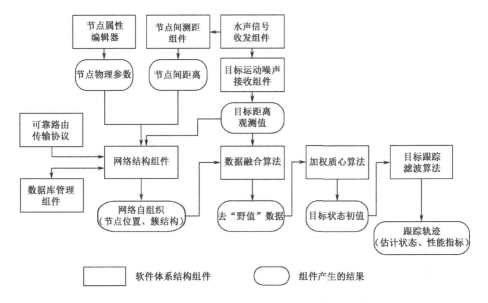

图 10-6 基于水下声学传感器的目标跟踪原型系统软件体系结构

值得注意的是，这些组件均运行在水声节点上面，但是，只有当水声节点当选为簇首节点时，数据库管理组件、数据融合算法、加权质心定位算法以及目标跟踪滤波算法才在该节点上运行。因此，簇首节点的主要功能包括管理、融合簇内节点报告的数据以及基于这些数据进行目标状态估计。

软件体系中各组件的基本功能如表 10-1 所示，以下小节将主要介绍网络结构组件、数据库管理组件、数据融合算法以及可靠路由传输协议。

表 10-1 软件体系中各组件的基本功能

序号	组件名称	基本功能
1	节点属性编辑器	运行在网络内节点的组件，负责产生传感器节点的物理参数，包括通信半径、感应半径、节点能量、节点通信方式、通信速率、发射功率等节点本身的物理信息
2	水声信号收发组件	运行在网络内节点的组件，包括节点间测距组件与目标运动噪声接收组件两部分
3	目标运动噪声接收组件	运行在网络内节点的组件，负责产生距离值（TOA 或能量模型）观测序列
4	节点间测距组件	运行在网络内节点的组件，负责测量通信半径内节点之间的距离
5	网络结构组件	运行在网络内节点的组件，包括节点定位与簇管理两个主要部分；节点定位功能用来产生目标的绝对地理位置信息或相对地理位置信息，并建立邻接关系表。簇管理的主要功能包括簇头选举、簇成员加入、簇首移交和簇成员退出；也包括一些异常情况的处理，例如，存在多个簇首、当前簇首失效、簇成员节点失效、簇首移交失败等

序号	组件名称	基本功能
6	数据库管理组件	运行在动态跟踪簇簇首的一个动态数据管理系统，负责对接收到的簇成员数据进行管理，包括数据的增加、更新、删除、排序和重置等基本功能
7	数据融合算法	运行在动态跟踪簇簇首的算法，主要负责对接收到的数据进行有效组合，去除冗余数据，以便获得更符合需求的数据
8	加权质心算法	运行在动态跟踪簇簇首的一种数据预处理算法，主要是负责对簇成员的数据进行加权定位，给出目标滤波算法的初始值
9	目标跟踪滤波算法	运行在簇首的一种目标跟踪滤波算法，这里主要是采用前面章节中提出的基于粒子滤波的目标跟踪算法，以便对目标进行有效的跟踪
10	可靠路由传输协议	运行在网络内节点的组件，用来传输节点之间的数据

10.3.1 网络结构组件

网络结构组件主要包括确定节点位置信息以及邻接关系表、簇管理两种基本功能。前面章节中对节点定位功能进行了简要介绍，这里详细介绍簇管理功能。图 10-7 为基于簇的目标跟踪示意图。当前簇头节点为 1，当目标移动时，网络节点采用一定的簇管理机制，如通过移交簇首 1→2→3→4→5，完成对移动目标的跟踪。簇管理组件的基本功能包括簇头选举、簇成员加入、簇首移交和簇成员退出；也包括一些异常情况的处理，例如：存在多个簇首、当前簇首失效、簇成员节点失效、簇首移交失败等[270,271]。

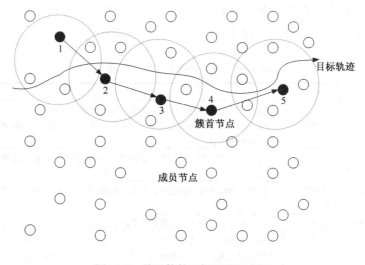

图 10-7 基于簇的目标跟踪示意图

假设网络中的节点有四种状态，包括空闲状态（CLUSTER_IDLE）、选举状态（CLUSTER_ELECTION）、簇头状态（CLUSTER_HEAD）和簇成员状态（CLUSTER_MEMBER）。节点状态之间的转换图如图 10-8 所示。

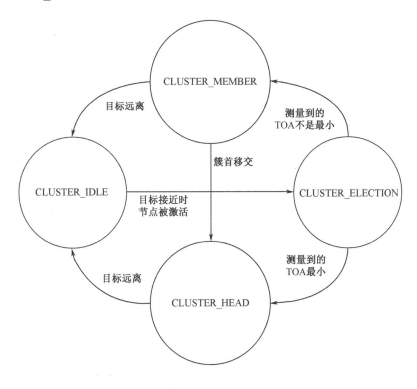

图 10-8　节点状态之间的转换图

10.3.1.1　簇的建立

这里给出的是一种基于 TOA 测量值的贪婪式簇头选举方法。初始时刻，网络中所有节点都处于 CLUSTER_IDLE 状态。当有目标出现时，目标周围的节点会首先检测到目标。由于本书采用的是基于 TOA 值的测量方法，因此当节点距离目标越近时，TOA 值会越小，反之 TOA 值会越大。这里，借用基于信号强度的贪婪式首领选举方法，为每一个节点设置一个与 TOA 值成正比的定时器，即 TOA 值越小，定时器越短；TOA 值越大，定位器越长，这样可以保证率先测量到目标信号的节点成为簇首节点。如果某一个节点在定时器超时之前没有接收到其他节点的招募消息，则该节点当选为簇首节点，进入 CLUSTER_HEAD 状态，并向网络中发送招募信息；否则，如某个节点在定时器超时之前接收到了其他节点的招募消息，则该节点终止 CLUSTER_ELECTION 状态，进入 CLUSTER_MEMBER 状态。这样就可以完成簇的建立。

10.3.1.2　簇成员加入

如果某一节点接收到来自其他节点的招募消息，则该节点自动终止选举定时器，进入 CLUSTER_MEMBER 状态，并且设置自己的簇头节点为发出招募消息的节点，这样，成员加入过程就完成了。一旦成为成员节点，每次收到目标信号时，会将测量到的 TOA 值发送给簇头节点，供簇头节点估计目标位置。

10.3.1.3　簇头移交

当目标沿着某一轨迹移动时，当前簇头节点测量到的目标信号可能会越来越弱，甚至会出现无法测量到目标信号的情况。在这种情况发生前，如不进行跟踪簇的移交，就会出现丢失目标的情况。因此当前簇头节点会主动地退出簇头状态，并从当前数据库中，选出综合指标最高的一个节点作为簇首节点。

一旦簇头移交程序被触发，则当前簇头节点在它的数据库中选择综合指标最好的一个节点作为新任簇头节点，并向网络中广播簇头移交的信息，本身则进入 CLUSTER_IDLE 状态；对于网络中其他节点来说，如果是指定的簇头节点的继任者，则自己进入 CLUSTER_HEAD 状态，并重复簇的建立过程。

在本书的 9.3.1 节中曾经给出了簇头选举的综合评价指标，但是在实际的簇头选举过程中，仍然需要考虑簇头更新的频率。如果簇头更新频率过高，就会使得网络始终处于需要维护的状态，这样会造成大量网络节点能量的消耗；如果簇头更新的频率过低，就会造成无法跟踪目标的现象，因此，根据实际环境合理地选择簇头的更新频率是一项非常有意义的工作。

10.3.1.4　簇成员退出

当目标沿着预定轨迹移动，当前簇成员节点测量到的目标信号强度会越来越弱。当簇成员节点测量不到目标信号时，就向当前簇头节点发出成员退出消息，并进入 CLUSTER_IDLE 状态。节点能否接收到目标信号可以通过设置一个定时器实现，每次接收到目标消息将其重置，如果此定时器超时，节点认为接收不到目标信号。簇头节点接收到成员退出消息时，将此成员节点的数据条目从数据库中删除。这样，此成员节点就退出了当前节点组，不再参与定位计算和跟踪。

综上所述，簇管理流程图如图 10-9 所示。

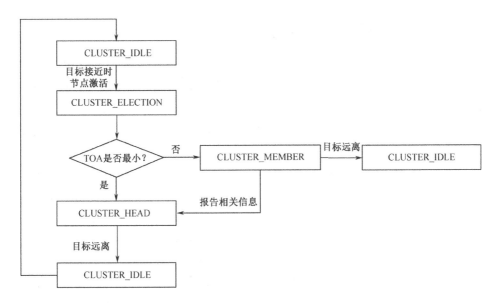

图 10-9 簇管理流程图

10.3.1.5 异常情况处理

为提高簇管理算法的鲁棒性,必须要考虑实际环境对簇管理算法的影响。这里我们主要考虑同时存在多个簇头、节点意外死亡等情况。

网络中存在多个簇头节点的现象,主要是由于当某一个成为簇头节点向外发送招募消息的过程中,有些节点由于丢包没有接收到招募消息;或者是由于某些节点自身的 TOA 值也很小,也在同时向外发送招募消息等原因。解决这一现象的主要方法是在簇首节点发送消息的数据中,加上自身接收到的 TOA 值。"伪"簇首节点在接收招募消息时,要比较 TOA 值:如果自身 TOA 值较小,其该"伪"簇首节点成为真正的簇首节点,并等待其他节点退出簇首状态;否则,自身退出簇首状态。

针对网络中节点意外死亡的情况,无论是簇首节点还是簇成员节点,需要为其安装一个定时器,该定时器的长度与目标消息的长度有关。通过簇成员的数据判断簇首是否意外死亡;通过簇首的数据判断簇成员是否意外死亡。如果在定时器超时前,簇成员节点没有接收到簇首节点定期发送的招募消息,则簇成员节点认为簇首意外死亡,并进入簇首选举状态;如果在定时器超时前,簇首节点的数据库中没有更新原有簇成员节点的信息,则认为该簇成员节点已意外死亡,并将其在数据库中的条目删除。

10.3.2 数据库管理算法

尽管文本中的水声节点可以使用计算和信号处理功能较强的 TMS320VC5502 芯片作为核心处理器件，但是对数据进行有效管理对系统性能的影响仍然十分关键。由于目标会周期性地向外辐射信号，在某一周期内，当前检测到信号的节点都会向簇首节点汇报信息，通常会在簇首节点处引发"接收冲突"，这就需要系统可以高效地对上述信号进行处理。

由于 NesC 语言不支持动态的内存分配，因此需要定义一个固定长度的数组来存储各个簇成员节点汇报的信息，固定数组的长度大于汇报信息的簇成员个数即可，这里假设每一次参与汇报的簇成员个数小于 10，因此固定数组的长度为 10 即可。使用索引技术来实现数据管理功能。这里我们假设网络中节点的个数小于 256，因此定义一个 256 字节长度的索引数组 IDToIndex；如果网络中节点个数较多，可以采取在核心处理芯片指令长度范围内增加索引数组长度或者采用多级索引的办法[272]。下面以三个簇成员水声节点为例，来给出数据库管理算法的简单流程，如图 10-10 和图 10-11 所示。

上述数据查询算法的特点是快速高效，数据查询的时间为 $O(1)$，但需要为 IDToIndex 数组提供额外的内存空间；如果网络中节点数目较多时，则需要提供更大的内存空间。该数据管理算法涉及的函数操作包括增加、删除、更新、排序和数据库重置等。

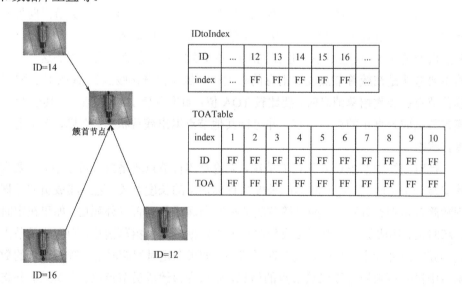

IDtoIndex

ID	...	12	13	14	15	16	...
index	...	FF	FF	FF	FF	FF	...

TOATable

index	1	2	3	4	5	6	7	8	9	10
ID	FF	FF	FF	FF	FF	FF	FF	FF	FF	FF
TOA	FF	FF	FF	FF	FF	FF	FF	FF	FF	FF

ID=14

簇首节点

ID=16

ID=12

图 10-10　数据库管理组件的初始状态

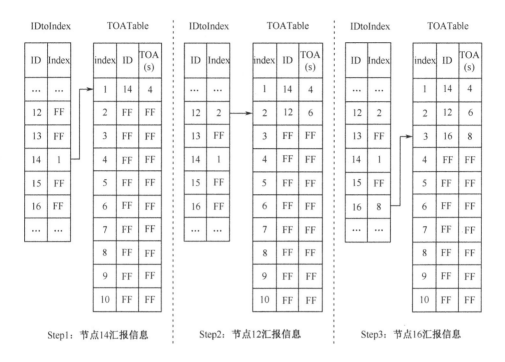

图 10-11 数据库管理组件流程

数据库操作的主要函数包括：

（1）AddTOAtoHeadDB( )：向 TOATable 数组增加存储数据。

（2）DeleteTOAtoHeadDB( )：删除 TOATable 数组中的存储数据。

（3）UpdateTOAtoHeadDB( )：更新 TOATable 数组中的数据。

（4）SortTOAtoHeadDB( )：对 TOATable 数组中的数据进行排序，方便进行数据融合。

（5）ResetHeadDB( )：对数据库进行初始化或重置。

10.3.3 数据融合算法

由于水声节点的电池能量、处理能力、存储容量以及通信能力等方面都十分有限，因此需要采用数据融合技术对收集到的数据进行处理[273,274]。对于目标跟踪问题，在某一时刻，通常存在多个节点向簇首节点汇报数据的情况，这些数据在某种程度上来说存在一定的冗余性。比如说，当多个水声节点感知到的 TOA 值比较近似时，有可能存在传感器节点位置较近的情况，如果不对这些数据进行处理便直接发送给控制中心，那么除多消耗能量外，控制中心不会获得更多的有用信息。再比如说，水声节点感知到的 TOA 值差异很大，某些节点报告的 TOA 数据已经在正常值范围以外，如果不对这样的数据进行处理，那么就会降低目标跟踪的精度。这里我们更加关心后面的问题，处理办法是通过增加一个选择函数来剔除那些偏离正常值范围的数据，选择函数伪代码如下所示。

```
Function Select( )
{
    float TOATable[10];
    float TOASelect[10];
    float Sta_TOA;
    int i;
    int j;
    for (i=1,j=1; i<10,j<10; )
    {
        if TOATable[i]>Sta_TOA
        {
            TOASelect[j]=TOATable[i];
            j++;
            i++;
        }
        else
            i++;
    }
}
```

10.3.4　路由协议

在目标跟踪问题中，往往需要唤醒距离跟踪目标最近的水声节点，以得到关于目标精确位置等相关消息。在这类应用中，通常可以知道节点的位置，在前面的章节中，我们也给出了水声节点自定位的算法。因此，把节点的位置信息作为选择的依据，不仅可以完成节点路由功能，而且可以降低专门维护路由协议的能耗。

这里，我们选用基于 GEAR 的路由机制[275]。GEAR 路由假设已知时间区域的位置信息，每个节点知道自己的位置信息和剩余能量，并通过一个简单的 Hello 消息交换机制知道所有节点的位置信息和剩余能量信息。在 GEAR 路由中，节点间的无线链路是对称的。

GEAR 路由中查询消息传播包括两个阶段。首先控制中心发出查询命令,并根据时间的地理位置将查询命令传送到区域内距控制中心最近的节点,然后从该节点将查询命令传播到区域内的所有节点;在第二阶段,目标位置估计信息沿查询消息的反向路径向控制中心传输。

10.4　原型系统

本节按照软件工程思想[276],采用面向对象的开发方法,利用 Visual Studio 2008 开发平台,设计和开发了基于 UASNs 的目标跟踪原型系统,如图 10-12～图 10-14 所示。

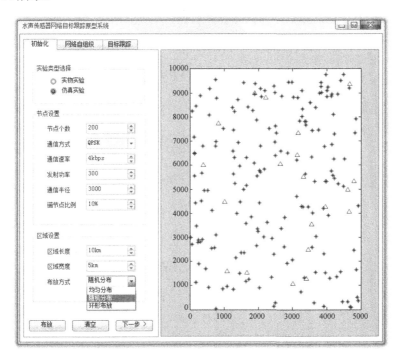

图 10-12　原型系统初始化功能

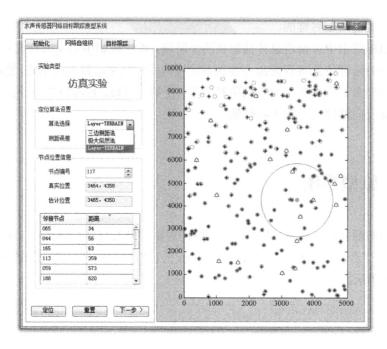

图 10-13　原型系统网络自组织功能

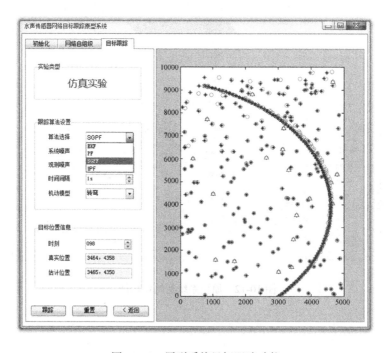

图 10-14　原型系统目标跟踪功能

参考文献

[1] 薛锋. 潜艇协同隐蔽攻击中的目标跟踪算法与仿真研究[D]. 武汉：海军工程大学，2007.

[2] 罗亚松. 水下自组织网络关键技术与试验研究[D]. 武汉：海军工程大学，2009.

[3] 薛锋，刘忠，石章松. 粒子滤波器在机动目标被动跟踪中的应用[J]. 数据采集与处理，2007，22(2)：234-237.

[4] 孙利民，李建中，陈渝，等. 无线传感器网络[M]. 北京：国防工业出版社，2004.

[5] 李路. 水下自组织网络组网关键技术及应用研究[D]. 武汉：海军工程大学，2009.

[6] Chandrasekhar V，Seah W K，Choo Y S. Localization in Underwater Sensor Networks：Survey and Challenges[C]. Proceedings of 1st ACM International Workshop on Underwater Networks，Los Angeles， California，ACM，2006：33-40.

[7] Hahn M J. Undersea Navigation via Distributed Acoustic Communications Network [D]. Monterey：Naval Postgraduate School，2005.

[8] 石章松，孙世岩，王航宇. 信息化条件下美军大口径舰炮武器系统发展技术[J]. 火力指挥与控制，2014，39(1)：5-8.

[9] 孙仲康，周一宇，何黎星. 单多基地有源无源定位技术[M]. 北京：国防工业出版社，1996.

[10] 刘忠，周丰，薛锋. 纯方位目标运动分析[M]. 北京：国防工业出版社，2009.

[11] 孙涛，谢晓方，梁捷. 纯方位目指条件下空舰导弹目标搜索策略研究[J]. 弹箭与制导学报，2011，31(5)：72-74.

[12] 孙仲康，郭福成，冯道旺. 单站无源定位跟踪技术[M]. 北京：国防工业出版社，2008.

[13] 毛永毅. 无线通信系统定位技术的研究[D]. 北京：中国科学院，2013.

[14] Nardone S C，Aidala V J. Observability criteria for bearings-only motion analysis [J]. IEEE Transactions on Aerospace and Electronic Systems，1981，17(2)：162-166.

[15] Hammel S E，Aidala V J. Observability requirements for three-dimensional tracking via angle measurements. [J]IEEE Trans on AES，1985，21(2)：200-206.

[16] Fogel E，Gavish M. Nth-order dynamic target observability from angle measurements[J]. IEEE Transactions on Aerospace and Electronic Systems，1988，24(3)：305-308.

[17] Song T L. Observability of target tracking with bearings-only measurements [J]. IEEE Journal of Engineering，1999，24(2)：383-387.

[18] Song T L，Um T Y. Practical guidance for homing missiles with bearings-only measurement[J]. IEEE Transactions on Aerospace and Electronic Systems，1996，32(1)：434-444.

[19] Marchenko V M. Observability of hybrid discrete-continuous systems[J]. Differential Equations，2013，49(11)：1389-1404.

[20] Brehard T，Lecadre J P. Closed-form posterior Cramerao bounds for bearings-only tarcking[J]. IEEE Transactions on Aerospace and Electronic systems，2006，42(4)：1198-1223.

[21] Taek L S. Observability of target tracking with range-only measurements [J]. IEEE Journal of Oceanic Engineering，1999，23(3)：383-387.

[22] Kanjuro M，Junjiro O，Takuya Y. Observability of self-sensing system using extended Kalman filter[J]. 2007，45(1)：306-308.

[23] Mohamed B，George J. Observability of switched linear systems in continuous time[J]. Lecture Notes in Computer Science，2005，3414(1)：103-117.

[24] Mihaly P，Aneel T，Stephan T. Observability of switched linear systems [J]. Lecture Notes in Control and Information Sciences，2015，457(1)：205-240.

[25] Darko M．Bearings only single-sensor target tracking using Gaussian mixtures [J]．Automatica，2009，45(9)：2088-2092．

[26] Darko M．Bearings only multi-sensor maneuvering target tracking[J]．Systems and Control Letters，2008，57(3)：216-221．

[27] 刘忠，邓聚龙．等速运动观测站纯方位系统的可观测性[J]．火力与指挥控制，2004，29(6)：51-54．

[28] 李洪瑞，盛安冬．离散纯方位系统的可观测性判据[J]．控制理论与应用，2009，26(5)：570-572．

[29] 李洪瑞，盛安冬．连续纯方位系统的可观测性分析[J]．兵工学报，2009，30(11)：1446-1450．

[30] 石章松．单站纯方位目标运动分析与机动航路优化研究[D]．武汉：海军工程大学，2004．

[31] 许兆鹏，韩树平．多基阵纯方位非机动目标跟踪可观测性研究[J]．传感器与微系统，2011，30(12)：57-59．

[32] 吕文亭，黄亮，王树初，等．无人机单站无源定位中的可观测性分析[J]．舰船电子工程，2012，32(11)：44-45，113．

[33] 孙亮，徐安，曲大鹏，等．三维纯方位目标跟踪的可观测性需求分析[J]．空军工程大学(自然科学版)，2010，11(3)：35-39．

[34] Uhlmann J K．Algorithm for multiple target tracking[J]．American Science，1992，80(2)：128-141．

[35] 王晴晴，鲁汉榕，郭锐．改进 UKF 算法在固定单站被动目标跟踪中的应用[J]．空军预警学院学报，2013，27(5)：359-362．

[36] 李炳荣，曲长文，张韬．基于 MVEKF 的单站无源定位跟踪方法研究[J]．现代防御技术，2011，39(4)：129-132．

[37] Wang Z D，Liu X H，Liu Y R，et al．An extended kalman filtering approach to modeling nonlinear dynamic gene regulatory networks via short gene expression time series[J]．2009，6(3)：410-419．

[38] Mark L，Psiaki．Backward-smoothing extended Kalman filter[J]．Journal of Guidance Control and Dynamics，2005，28(5)：885-894．

[39] Thomas A，Renato Z，John C．Q-method extended Kalman filter[J]．Journal of Guidance Control and Dynamics，2015，38(4)：752-760．

[40] Atsuhiko S，Hiroshi F．Recursive self-identification and its transient response analysis with extended Kalman filter[J]．Journal of Aerospace Computing

Information and Communication，2012，9(2)：45-57．

[41] Andrew B，Paul Z，Brian L．Comparisons between the extended Kalman filter and the state-dependent riccati estimator[J]．Journal of Guidance Control and Dynamics，2014，37(5)：1556-1566．

[42] Michael R M，Ariosto B J．Using ultrasound and the extended Kalman filter for characterizing aerothermodynamic environments[J]．AIAA Journal，2013，51(10)：2410-2419．

[43] Julier S J．Unscented filtering and nonlinear estimation[J]．IEEE Review，2004，92(3)：401-422．

[44] Meskin N，Nounou H，Nounou M，et al．Parameter estimation of biological phenomena：an unscented Kalman filter approach[J]．IEEE/ACM Transactions on Computational Biology and Bioinformatics (TCBB)，2013，10(2)：537-543．

[45] Laura P，Pedro E．New state update equation for the unscented Kalman filter[J]．Journal of Guidance Control and Dynamics，2008，31(5)：1500-1504．

[46] Yidi W，Shouming S，Li L．Adaptively robust unscented Kalman filter for tracking a maneuvering vehicle[J]．Journal of Guidance Control and Dynamics，2014，37(5)：1696-1701．

[47] Matthew R，Yu G，Jason G，et al．Sensitivity analysis of extended and unscented Kalman filters for attitude estimation[J]．Journal of Aerospace Information Systems，2013，10(3)：131-143．

[48] Meskin N，Nounou H，Nounou M，et al．Parameter estimation of biological phenomena：an unscented Kalman filter approach[J]．IEEE/ACM Transactions on Computational Biology and Bioinformatics，2013，10(2)：537-543．

[49] Zhao Y，Gao S S，Zhang J，et al．Robust predictive augmented unscented Kalman filter[J]．International Journal of Control，Automation and Systems，2014，12(5)：996-1004．

[50] Giancarlo M，Sorin O，Morten H．State estimation in nonlinear model predictive control unscented Kalman filter advantages[J]．Lecture Notes in Control and Information Sciences．2009，384(1)：305-313．

[51] Alkan A．Unscented Kalman filter performance for closed-loop nonlinear state estimation：a simulation case study[J]．Electrical Engineering(Archive fur Elektrotechnik)，2014，96(4)：299-308．

[52] Zhu X, Feng E M. Joint estimation in batch culture by using unscented Kalman filter[J]. Biotechnology and Bioprocess Engineering, 2012, 17(6): 1238-1243.

[53] Muhammad L A, Omar A, Basilio B, et al. Sensor data fusion using unscented Kalman filter for vor-based vision tracking system for mobile robots[J]. Lecture Notes in Computer Science, 2014, 1(1): 103-113.

[54] Dah J J, Chun N L. Unscented Kalman filter with nonlinear dynamic process modeling for gps navigation[J]. GPS Solutions, 2008, 12(4): 249-260.

[55] 汤卉, 王大鸣, 胡捍英. 一种结合 UKF 与 TLS 的 GPS 机动跟踪算法[J]. 测绘科学, 2007, 32(6): 99-101.

[56] 高博, 黄耀光, 李建新. 基于自适应 UKF 的单站无源定位算法[J]. 信息工程大学学报, 2012, 13(5): 578-582.

[57] Zhen L, Hua J F. Modified state prediction algorithm based on UKF[J]. Journal of System Engineering and Electronics, 2013, 24(1): 135-140.

[58] 刘学, 焦淑红. 自适应迭代平方根 UKF 的单站无源定位算法[J]. 哈尔滨工程大学学报, 2011, 32(3): 372-377.

[59] Feng Z, Jiang N X, Jing S L, et al. IUKF neural network modeling for fog temperature drift[J]. Journal of System Engineering and Electronics, 2013, 24(5): 838-844.

[60] 谢恺, 金波, 周一宇. 基于迭代测量更新的 UKF 方法 [J]. 华中科技大学学报（自然科学版）, 2007, 35(11): 13-16.

[61] 刘健, 刘忠. UKF 算法在纯方位目标运动分析中的应用[J]. 南京理工大学学报（自然科学版）, 2008, 32(2): 222-226.

[62] Gordon N J, Salmond D J, Smith A F M. Novel approach to nonlinear/non-Gaussian bayesian state estimation[C]. Proceeding of Conference on Radar and Signal Processing, NewYork, IEEE, 1993: 107-113.

[63] Renaud P. Tracking dynamic textures using a particle filter driven by intrinsic motion information[J]. Machine Vision and Applications, 2011, 22(5): 781-789.

[64] Domenic F, Ankur S. Resource-aware architectures for adaptive particle filter based visual target tracking[J]. ACM Transactions on Design Automation of Electronic Systems, 2013, 18(2): 22-48.

[65] Zuo J Y, Liang Y, Zhang Y Z, et al. Particle filter with multimode sampling strategy[J]. Signal Processing, 2013, 93(11): 3192-3201.

[66] Mohammad H M，Baerbel M．Bearing-only slam：a new particle filter based approach [J]．Lecture Notes in Computer Science，2012，1(1)：126-134．

[67] Domenic F，Ankur S．Resource-aware architectures for adaptive particle filter based visual target tracking[J]．ACM Transactions on Design Automation of Electronic Systems，2013，18(2)：22-48．

[68] Jinwhan K，Monish T，Menon P K．Particle filter for ballistic target tracking with glint noise[J]．Journal of Guidance Control and Dynamics，2012，33(6)：1918-1921．

[69] Zalili B M，Junzo W．Motion tracking using particle filter[J]．Lecture Notes in Computer Science，2008，5179(1)：119-126．

[70] 张琪，胡昌华，乔玉坤．基于权值选择的粒子滤波算法研究[J]．控制与决策，2008，23(1)：117-120．

[71] 王健，金永镐，董华春．基于新的采样更新方法的粒子滤波算法[J]．系统工程与电子技术，2008，30(6)：1148-1150．

[72] Meiwe R，Wan E A．The square root unscented Kalman filter for state and parameter estimation[C]//Proceeding of IEEE International Conference on Acoustics Sppech and Signal Processing. New York：IEEE，2001：3461-3464．

[73] Zhan R，Wan J．Iterated unscented Kalman filter for passive target tracking[J]．IEEE Transactions on Aerospace and Electronic Systems，2007，43(3)：1155-1163．

[74] 石勇，韩崇昭．自适应 UKF 算法在目标跟踪中的应用[J]．自动化学报，2011，37(6)：755-759．

[75] Merwe R，Doucet A，Freitas N D，et al．The unscented particle filter[R]. Technical Report，Cambridge University Department of Engineering，2000：1-45．

[76] Kotecha J H，Djuric P M．Gaussian sum particle filtering for dynamic state space models[C]．Proceeding of the International Conference on Acoustics，Speech and Signal Processing，Salt Lake City，Utah，Citeseer，2001：3465-3468．

[77] Pitt M K，Shephard N．Filtering via simulation：auxiliary particle filter[J]．Journal of the American Statistical Association，1999，94(46)：590-599．

[78] Schon T，Gustafsson F，Nordlund P J．Marginalized particle filters for mixed linear/nonlinear state-space models[J]．IEEE Transactions on Signal

Processing，2005，53(7)：2279-2288.

[79] 薛锋，刘忠，石章松. 基于粒子滤波的约束目标被动跟踪[J]. 武汉理工大学学报（交通科学与工程版），2007，31(1)：43-45，52.

[80] Liang Yue，Liu Zhong. Passive target tracking using an improved particle filter algorithm based on genetic algorithm[C]. Lecture Notes in Electronical Engineering (ISNN2010). ShangHai，Springer Verlag，2010：559-566.

[81] 宁小磊，王宏力，徐宏林，等. 加权逼近粒子滤波算法及其应用[J]. 控制理论与应用，2011，28(1)：118-124.

[82] Taylor J H. The Cramerrao estimation error lower bound compution for deterministic nonlinear systems[J]. IEEE Trans On Automatic Control，1979，24(2)：343-344.

[83] Liu P T. An optimum approach in target tracking with bearing measurements [J]. Journal of Optimization Theory and Applications，1987，56 (2) ：205-214.

[84] Hammel S E，Liu P T，Hilliard E J，et al. Optimal observer motion for localization with bearing measurements[J]. Computers and Mathematics with Applications，1989，18(1)：171-180.

[85] Helferty J P，Mudgett D R. Optimal observer trajectories for bearings-only tracking by minimizing the trace of the Cramer-rao lower bound[C]. 32th International Conference of Control and Decision. San Antonio USA，1993：936-938.

[86] Helferty J P，Mudgett D R，Dzielski J E. Ttrajectories optimization for minimum range error in bearings-only source localization[J]. IEEE Proc of SP，1993：229-234.

[87] Cadre Le J P. Optimization of the observer motion for bearings-only target motion analysis[C]. IEEE Proc. of the 36th Conference on Decision and Control，1997：3126-3131.

[88] Passerieux J M，Cappel D V. Optimal observer maneuver for bearings-only tracking [J]. IEEE Trans. on Aerospace Electronic System，1998，34 (3)：777-788.

[89] Yaakov O，Pavel D. Optimization of the trajectories for bearings-only target location[J]. IEEE Trans on AES，1999，35(3)：892-902.

[90] Oshman Y，Davidson P. Optimization of observer trajectories for bearings-only target localization[J]. IEEE Trans. on Aerospace Electronic System，1999，

35(3)：892-901．

[91] Kaouthar B. Optimal passive receiver location for angle tracking[J]. IEEE Proc. of ISIF，2000：1-15．

[92] Sumeetpal Singh. Stochastic approx imation for optimal observer trajectory planning [C]. IEEE Proc．of the 42th Conference on Decision and Control，2003：6313-6318．

[93] Ghassemi F，Krishnamurthy V．A method for constructing the observer trajectory in bearings-only tracking of targets with a Markovian model[C]. IEEE International Conference of Information Acquisition，2005：1-5．

[94] Ghassemi F，Krishnamurthy V．A stochastic search approach for UAV trajectory planning in localization problems[C]. IEEE International Conference on Acoustics，Speech，and Signal Processing，2006：1196-1199．

[95] Yasuchika T，Shinji F．Detecting separation of moving objects based on non-parametric bayesian scheme for tracking by particle filter[J]．Lecture Notes in Computer Science，2011，6884(1)：108-116．

[96] Yang W L. Optimization of moving objects trajectory using particle filter[J]. Lecture Notes in Computer Science，2014，8858(1)：55-60．

[97] 董志荣．纯方位系统定位与跟踪的本载体最优轨线方程及其最优轨线[J]. 指挥控制与仿真，2007，29(1)：7-15．

[98] 李华军．潜艇纯方位解算目标运动要素中机动原则的确定[J]．火力与指挥控制，1999，3(14)：52-54．

[99] 石章松．纯方位目标跟踪中的观测器机动优化研究[J]．计算机仿真，2010，27(1)：334-337．

[100] 石章松．水下纯方位目标跟踪中的观测器机动航路对定位精度影响分析[J]．电光与控制，2009，16(6)：5-9．

[101] 张武，赵宗贵，赵丰．纯方位跟踪中最优轨线的影响因素分析[J]．系统工程与电子技术，2010，32(1)：67-71．

[102] 孙勇，赵俊渭．多基地声呐系统定位精度分析与最优布站[J]．计算机仿真，2008，25(8)：20-22．

[103] 黄金凤，韩焱，王黎明．无源时差定位布站形式对定位精度的影响[J]．火力与指挥控制，2009，34(10)：33-35．

[104] Mellen G，Pachter M，Raquet J. Closed-form solution for determining emitter location using time difference of arrival measurements[J]. IEEE Trans，AES-

39，2003(3)：1056-1058.

[105] Malanowski Mateusz，Kulpa Krzysztof. Two methods for target localization in multistatic passive radar[J]. Aerospace and Electronic Systems，IEEE Transactions on，2012，48(1)：572-580.

[106] Godrich H，Haimovich A M，Blum R S. Target localization techniques and tools for multiple-input multiple-output radar[J]. IET Radar Sonar Navig，2009，3(4)：314-327.

[107] Godrich H，Haimovich A M，Blum R S. Target localization accuracy gain in MIMO radar-based systems[J]. IEEE Transactions On Information Theory，2010，56(6)：2783-2803.

[108] 管东林，罗志勇. 多传感器极大似然定位中定位误差的影响[J]. 指挥控制与仿真，2009，31(3)：103-107.

[109] 陈元元，姚佩阳. 基于 TOA 的传感器网络定位误差几何分布研究[J]. 通信技术，2009，42(10)：63-68.

[110] 岳亚洲，雷宏杰，高关根. 伪卫星定位的精度分析[J]. 传感技术学报，2009，22(10)：1432-1435.

[111] 杨宇翔，张汇川. 同步三星目标运动状态快速检测方法[J]. 北京航空航天大学学报，2014，40(10)：1392-1398.

[112] 顾晓东，邱志明，袁志勇. 多基地声呐接收机最优布阵的探讨[J]. 兵工学报，2008，29(3)：287-290.

[113] 陈振林，王莹桂，柳征. 三星时差定位系统四站标校的布站方式研究[J]. 飞行器测控学报，2011，30(4)：86-90.

[114] 曾辉，曾芳玲. 基于最小最大决策的三站时差定位布阵优化[J]. 现代防御技术，2011，39(1)：100-104.

[115] Chen Wei，Hao Wen Guang. Optimal sensor placement for structural response estimation[J]. Journal of Central South University，2014，21(9)：3993-4001.

[116] 金良安，迟卫，郭东田. 基于最优线性数据融合的探潜定位优化算法研究[J]. 传感技术学报，2014，26(1)：101-106.

[117] 孙宝国，苗强，宋继林. 布站形式对 TDOA 无源区域定位系统定位精度的影响[J]. 火力与指挥控制，2011，36(9)：129-132.

[118] 石章松，刘忠. 目标跟踪与数据融合理论及方法[M]. 北京：国防工业出版社，2010.

[119] 孙勇，赵俊渭. 多基地声呐系统定位精度分析与最优布站[J]. 计算机仿

真，2008，25(8)：20-22.

[120] 黄金凤，韩焱，王黎明. 无源时差定位布站形式对定位精度的影响[J]. 火力与指挥控制，2009，34(10)：33-35.

[121] 刘若辰，王英民，朱婷婷. T-Rn 配置型多基地声呐距离信息定位算法精度分析[J]. 声学技术，2009，28(6)：90-94.

[122] 朱伟强，黄培康. 三站时差定位系统观测站构型研究[J]. 现代雷达，2010，32(1)：1-6.

[123] 顾晓东，邱志明，袁志勇. 双基阵声呐系统水下目标被动定位精度分析[J]. 火力指挥与控制，2011，36(1)：147-150.

[124] 牛超，张永顺. 基于 GDOP 的多基地雷达布站优化研究[J]. 现代防御技术，2013，41(3)：117-123.

[125] Priyantha N B，Chakraborty A，Balakrishnan H.The Cricket Location-support System[C]. Proceedings of the 6th International Conference on Mobile Computing and Networking，Boston，Massachusetts，ACM，2000：32-43.

[126] Niculescu D，Nath B. Ad-hoc Positioning System[C]. Proceedings of IEEE Glocal Communications Conference，San Antonio，Texas，Citeseer，2001：2926-2931.

[127] Bahl P，Padmanabhan V N. PADAR：An Building RF Based User Location and Tracking System[C]. Proceedings of International Conference of the IEEE Computer and Communications Societies，Tel Aviv，Israel，Citeseer，2000：775-784.

[128] Meguerdichian S，Slijepcevic S，Karayan V，et al. Localized Algorithm in Wireless Ad-hoc Networks：Location Discovery and Sensor Exposure[C]. Proceedings of the 2nd ACM International Symposium on Mobile Ad-hoc Networking and Computing，Long Beach，California，ACM，2001：106-116.

[129] Savarese J R C，Beutel J. Location in Distributed Ad-hoc Wireless Sensor Networks[C]. Proceedings of the International Conference on Acoustics，Speeach and Signal Processing，Salt Lake City，IEEE，2001：2037-2040.

[130] Savvides H P A，Srivastava M. The Bits and Flops of the N-Hop Multilateration Primitive for Node Localization Problems[C]. Proceedings of the 1st ACM International Workshop on Wireless Sensor Networks and Applications，Atlanta，Georgia，ACM，2002：112-121.

[131] Niculescu D，Nath B. DV Based Positioning in Ad hoc Networks[J]. Tele-

communication System，2003，22(1)：267-280.

[132] Bulusu N，Heidemann J，Estrin D. GPS-less Low Cost Outdoor Localization for Very Small Devices[J]. IEEE Personal Communication，2000，7(5)：28-34.

[133] Perkins N C M，Dea B O. Emergent Wireless Sensor Network Limitations：a Plea for Advancement in Core Technologies[C]. Proceedings of the 1st IEEE International Conference on Sensors，Orlando，Florida，IEEE，2002：1505-1509.

[134] He T，Huang C，Blum B，et al. Range-free Localization Schemes in Large Scale Sensor Networks[C]. Proceedings of the 9th annual International Conference on Mobile Computing and Networking，San Diego，California，ACM，2003：81-95.

[135] Shang Y，Ruml W. Improved MDS Based Localization[C]. Proceedings of the 23rd Joint Conference of the IEEE Computer and Communication Societies，Hong Kong，IEEE，2004：2640-2651.

[136] 廖先林，耿娜，石凯. 无线传感器网络节点自身定位算法[J]. 东北大学学报，2007，6(6)：801-804.

[137] 罗亚松，刘忠，刘爱平. 实现水声通信网纯距离节点定位自组织研究[J]. 武汉理工大学学报，2009，31(1)：110-115.

[138] 唐剑，史浩山，韩忠祥. 无线传感器网络中的目标跟踪算法[J]. 空军工程大学学报（自然科学版），2006，7(5)：25-29.

[139] Mechitov K，Sundresh S，Kwon Y，et al. Cooperative Tracking with Binary-Detection Sensor Networks[C]. Proceedings of the First International Conference on Embedded Networked Sensor Systems，Los Angeles，California，ACM，2003：332-333.

[140] Kim W Y，Mechitov K. On Target Tracking with Binary Proximity Sensors [C]. Proceeding of the 4th International Symposium on Information processing，Los Angeles，California，ACM，2005，125-129.

[141] Rabbat M G，Nowak R D. Decentralized Source Localization and Tracking [C]. Proceeding of the 2004 International Conference on Acoustics，Speech and Signal Processing，Montreal，Canada，IEEE，2004：921-924.

[142] Peng C W，Hou J C，Liu S. Dynamic Clustering for Acoustic Target Tracking in Wireless Sensor Networks [J]. IEEE Transactions on Mobile Computing，2004，3(3)，258-271.

[143] Fried L D，Griffin C，Jacobson N. Dynamic Agent Classification and Tracking Using an Ad-hoc Mobile Acoustic Sensor Network [J]. Eurasip Journal on Applied Signal Processing，2003，77：215-220.

[144] Yao K.Blind Beamforming on a Randomly Distributed Sensor Array System [J]. IEEE Journal on Selected Areas in Communications，1998，16：1555-1567.

[145] Phoha S，Jacobson N，Friedlander D，et al. Sensor Network Based Localization and Target Tracking Through Hybridization in the Operational Domains of Beamforming and Dynamic Space-time Clustering[C]. Proceeding of the Global Telecommunications Conference 2003，San Francisco，IEEE，2005：2952 -2956.

[146] Yu Xingbo. Adaptive Target Tracking in Sensor Networks[C]. Proceding of the Communication Networks and Distributed Systems Mondeling and Simulation Conference 2004，San Diego，Citeseer，2004，253-258.

[147] Sheng X H，Hu Y H. Sequential Acoustic Energy Based Source Localization Using Particle Filter in a Distributed Sensor Networks [C]，Washington，IEEE，2004：972-996.

[148] 范乐昊，邱晓晖. 分布式粒子滤波算法在面向跟踪的无线传感器网络中的应用[J]. 南京邮电大学学报（自然科学版），2008，28(2)：80-85.

[149] 邓克波，刘中. 基于无线传感器网络动态簇的目标跟踪[J]. 兵工学报，2008，29(10)：1197-1203.

[150] 危阜胜，胥布工，高焕丽，等. 基于无线传感器网络的分布式处理目标跟踪系统[J]. 传感技术学报，2009，22(10)，1498-1904.

[151] 薛锋，刘忠，石章松. 基于粒子滤波的传感器网络被动目标跟踪研究[J]. 仪器仪表学报，2006，27(6)：314-315.

[152] 刘忠，梁玥. 单站纯距离系统可观测性判据及目标状态估计算法[P]. 国防专利，2010.

[153] 梁玥，刘忠. 单站纯距离定位与跟踪系统可观测性分析[C]. 火力与指挥控制 2008 年学术会议论文集. 太原：火力与指挥控制研究会，2008：292-297.

[154] 王璐，刘忠. 单站纯距离测量下目标可观测性分析[C]. 第四届中国信息融合大会. 武汉：中国航空学会信息融合分会，2012：653-655.

[155] 梁玥，刘忠. 静止目标纯距离测量下的定位原理与方法研究[J]. 指挥控

制与仿真，2009，31(4)：26-29.

[156] 刘豹，唐万生. 现代控制理论[M]. 北京：科学出版社，2007.

[157] 石章松，刘忠. 单站纯方位目标跟踪系统可观测性分析[J]. 火力指挥与控制，2007，32(2)：26-29.

[158] 华铁洲. 单站无源定位关键技术研究和误差分析[D]. 郑州：解放军信息工程大学，2010.

[159] Maybeck P S. Stochastic models estimation and control[M].New York：Academic，1982.

[160] Jazwinski A H. Stochastic processes and filtering theory[M].New York：Academic，1970.

[161] Uhlmann J K. Algorithm for multiple target tracking[J]. American Science，1992,80(2):128-141.

[162] 何友，修建娟，张晶炜，等.雷达数据处理及应用（第 2 版）[M]. 北京：电子工业出版社，2009.

[163] Screnson H W. Klman filtering:theory and application[M].New York:IEEE Press，1985.

[164] 徐佳鹤.基于 UKF 的滤波算法设计分析与应用[M]. 沈阳：东北大学，2008.

[165] Julier S J，Uhlmann J K，Durrant-Whyte H F. A new approach for filtering nonlinear systems[C]. Proceedings of the American Control Conference，Washington Seattle，1995:1628-1632.

[166] Julier S J. A skewed approach to filtering[C]. The Proceedings of Aero Sense: 12th Internation Symposium Aerospace Defense Sensing Simulation Control，Orlando，1998:271-282.

[167] 潘泉，杨峰，叶亮.一类非线性滤波器——UKF 综述[J]. 控制与决策，2005，20(5): 481-494.

[168] 曲毅，刘忠. 基于 UKF 的水下目标纯方位跟踪算法[J]. 舰船科学技术，2009，31(7)：133-136.

[169] 梁玥，刘忠. 静止目标纯距离测量下的定位原理与方法研究[J]. 指挥控制与仿真，2009，31(4)：26-29.

[170] 梁玥，刘忠. 基于全局收敛策略的静止目标纯距离测量下的参数估计方法[J]. 火力与指挥控制，2010，35(4)：147-149，154.

[171] 黄波，刘忠. 静止单站纯方位系统目标参数的仿真计算[J]. 海军工程大学学报，2002，14(6)，67-70/76.

[172] Lee J X, Lin Z W, Francois C P S. Symmetric double side two way ranging with unequal reply time[C]. IEEE Confer Vehicular Technology，Maryland：IEEE Confer and Custom Publishing Department，2007：1980-1983.

[173] 徐卫明，黄振，汤恒胜，等. 基于相对测距的水下目标定位算法[J]. 清华大学学报，2009，49 (10)：1652-1654.

[174] 陈希孺. 数理统计引论[M]. 北京：科学出版社，1997.

[175] 吴玲，刘忠，卢发兴.全局收敛高斯—牛顿法解非线性最小二乘问题[J]. 火控雷达技术，2003，32(1)：75-80.

[176] 刘忠，吴玲，卢发兴. 非线性最小二乘定位问题全局收敛解法[J]. 火力与指挥控制，2003，28（增刊）：16-19.

[177] 王璐，刘忠. 纯距离目标运动状态的极大似然估计及迭代算法[C]. 第二届中国指挥控制大会. 北京：中国指挥与控制学会，2014：464-467.

[178] 袁亚湘,孙文瑜.最优化理论与方法[M].北京:科学出版社,1997:373-382.

[179] 黄波,刘忠,吴玲. 纯方位目标运动状态的极大似然估计及迭代算法[J]. 海军工程大学学报，2013，25(1). 54-58.

[180] Maybeck P S. Stochastic models estimation and control[M]. New York：Academic，1982.

[181] Jazwinski A H. Stochastic processes and filtering theory[M]. New York：Academic，1970.

[182] Uhlmann J K. Algorithm for multiple target tracking[J]. American Science，1992，80(2)：128-141.

[183] 张刚兵，刘谕，胥嘉佳. 基于 UKF 的单站无源定位与跟踪 22 向预测滤波算法[J]. 系统工程与电子技术，2010，32(1)：1415-1418.

[184] 吴玲，卢发兴，刘忠. UKF 算法及其在目标被动跟踪中的应用[J]. 系统工程与电子技术，2005，27(1)：49-51.

[185] 刘健，刘忠. UKF 算法在纯方位目标运动分析中的应用[J]. 南京理工大学学报（自然科学版），2008，32(2)：222-226.

[186] 袁罡，陈鲸. 基于 UKF 的单站无源定位与跟踪算法[J]. 电子与信息学报，2008，30(9)：2120-2123.

[187] Zhen L，Hua J F. Modified state prediction algorithm based on UKF[J]. Journal of System Engineering and Electronics，2013，24(1)：135-140.

[188] 刘学，焦淑红. 自适应迭代平方根 UKF 的单站无源定位算法[J]. 哈尔滨工程大学学报，2011，32(3)：372-377.

[189] Panlong Wu，Xingxiu Li，Yuming B. Iterated square root unscented Kalman filter for maneuvering target tracking using TDOA measurements[J]. International Journal of Control, Automation and Systems，2013，11(4)：761-767.

[190] 谢恺，金波，周一宇. 基于迭代测量更新的 UKF 方法[J]. 华中科技大学学报（自然科学版），2007，35(11)：13-16.

[191] 程水英，毛云祥. 迭代无味卡尔曼滤波器[J]. 数据采集与处理，2009，24(7)：43-48.

[192] Wang Hong，Li Hai Juan，Zhao Yue，et al. Genetic algorithm for scheduling reentrant jobs on parallel machines with a remote server[J]. Transactions of Tianjin University，2013，19(6)：463-469.

[193] FAN WenHao，LIU YuanAn. Optimal resource allocation for transmission diversity in multi-radio access networks：a coevolutionary genetic algorithm approach [J]. Science China(Information Sciences)，2014，57(14)：1-14.

[194] 王艳艳，刘开周，封锡盛. AUV 纯方位目标跟踪轨迹优化方法[J]. 机器人，2014，36(2)：179-184.

[195] 王璐，刘忠. 纯距离目标跟踪中的观测站机动航路优化研究[J]. 舰船电子工程，2014，34(10)：34-36.

[196] 朱先花. 不完全量测下三维空间目标定位与跟踪算法研究[D]. 南京理工大学，2014.

[197] 王璐，刘忠. 单站航路机动对纯距离目标定位精度影响分析[J]. 华中科技大学学报. 2015，43(8)：58-61.

[198] Wang Lu，Liu Zhong. Research on observability of non-maneuvering target tracking based on multiple observers range-only[C]. The 2012 International Conference on Information Technology and Management Innovation (ICITMI2012). Guangzhou：Springer Verlag，2012：744-748.

[199] 刘忠. 多站纯方位定位系统的可观测条件[J]. 海军工程大学学报，2004，16(1)：18-22.

[200] 刘忠，邓聚龙. 多传感器系统纯方位定位与可观测性分析[J]. 火力与指挥控制，2004，29(5)：79-83.

[201] 黄亮，刘忠，石章松，等. 无人机系统纯方位定位技术及应用[M]. 北京：国防工业出版业，2015.

[202] Nan Li，Maochen Ge，Enyuan Wang. Two types of multiple solutions for

microseismic source location based on arrival-time-difference approach[J]. Natural Hazards，2014，73(2)：829-847.

[203] Fei Wen，Qun Wan，Lai-Yuan Luo. Time-difference-of-arrival estimation for noncircular signals using information theory[J]. AEU-International Journal of Electronics and Communications，2013，67(3)：242-245.

[204] Yang Liu，Tianshuang Qiu，Hu Sheng. Time-difference-of-arrival estimation algorithms for cyclostationary signals in impulsive noise[J]. Signal Processing，2012，92(9)：2238-2247.

[205] 史小红. 基于 TDOA 的无线定位方法及其性能分析[J]. 东南大学学报（自然科学版），2013，43(2)：252-257.

[206] Jiedi Sun，Jiangtao Wen. Target location method for pipeline pre-warning system based on HHT and time difference of arrival[J]. Measurement，2013，46(8)：2716-2725.

[207] 乔梁. 信源定位的可观测性及跟踪技术研究[D]. 哈尔滨：哈尔滨工程大学，2010.

[208] 薛锋，刘忠，石章松. 粒子滤波器在机动目标被动跟踪中的应用[J]. 数据采集与处理，2007，22(2)：234-237.

[209] Wang Lu，Liu Zhong. Research on localization principle and method for multistations range-only target tracking system[C]. The 2013 International Conference on Vehicle & Mechanical Engineering and Information Technology(VMIT2013). 2013：2577-2582.

[210] 王璐,刘忠. 多基纯距离测量条件下基于全局收敛策略的目标定位方法[J]. 海军工程大学学报，2014，26(2)：95-98.

[211] Xiao L H，Thomas B. A basic convergence result for particle filtering[J].IEEE Transactions on Signal Processing，2008，56(4)：1337-1347.

[212] Wei Yi，Mark R. A computationally efficient particle filter for multitarget tracking using an independence approximation[J]. IEEE Transactions on Signal Processing，2013，61(4)：843-856.

[213] Amit Banerjee，Philippe Burlina. Efficient particle filtering via sparse kernel density estimation[J]. IEEE Transactions on Image Processing，2010，19(9)：2480-2489.

[214] Crisan D，Doucet A. A survey of convergence results on particle filtering methods for practitioners[J]. IEEE Transaction on Signal Processing，2002，

50(2)：736-746．

[215] Kalman H S．Filtering and neural networks[M]．New York：John Wiley and Sons，2001．

[216] Liu J S，Chen R．Sequential monte carlo methods for dynamical systems[J]．Journal of the American Statistical Association，1998，93(5)：1032-1044．

[217] Crisan D，Doucet A．A survey of convergence results on particle filtering methods for practitioners[J]．IEEE Transaction on Signal Processing，2002，50 (3)：736-746．

[218] Spall J C. Estimation via markov chain monte carlo[J]. IEEE Control Systems Magazine，2003，23(2)：34-45．

[219] Crisan D．Exact rates of convergence for a branching particle approximation to the solution of the zakai equation[J]. Annals of Probabability，2003，31(2)：693-718．

[220] 巩敦卫．交互式遗传算法原理及其应用[M]．北京：国防工业出版社，2007．

[221] 张文修，梁怡．遗传算法的数学基础[M]．西安：西安交通大学出版社，2004．

[222] K S Tang，K F Man，S Kwong. Genetic Algorithms and Their Applications[J]. IEEE Signal Processing Magazine，1996，13 (6)：22-37．

[223] 席涛，张胜修，原魁，等．基于遗传进化策略的粒子滤波视频目标跟踪[J]．光电工程，2009，36(3)：28-32．

[224] 方正，佟国峰，徐心和. 基于粒子群优化的粒子滤波定位方法[J]. 控制理论与应用，2008，25(3)：533-537．

[225] Liang Yue，Liu Zhong. Passive Target Tracking Using an Improved Particle Filter Algorithm Based on Genetic Algorithm[C]. In: Lecture Notes in Electronical Engineering(ISNN2009)，Shanghai，Springer Verlag，2010：559-566．

[226] Mehrabian A R，Lucas C．A novel numerical optimization algorithm inspired from weed colonization[J]．Ecological Informatics，2006，1(3)：355-366．

[227] 苏守宝，汪继文，张玲，等．一类约束工程设计问题的入侵式杂草优化算法[J]．中国科学技术大学学报，2009，39(8)：885-893．

[228] Zhang X，Wang Y，Gui G，et al. Application of a novel IWO to the design of encoding sequences for DNA computing[J]．Computers and Mathematics with Applications，2009，57(11/12)：2001-2008．

[229] Zhang X，Wang Y，Gui G，et al. SIWO：A hybrid algorithm combined with the conventional SCE and novel IWO[J]. Journal of Computational and Theoretical Nanoscience，2007，4(7/8)：1316-1323.

[230] Rad H S，Lucas C. A recommender system based on invasive weed optimization algorithm[C]. IEEE Congress on Evolutionary Computation. Singapore，2007：4297-4303.

[231] Zdunek R，Ignor T. UMTS base station location planning with invasive weed optimization[C].Proceedings of the 10th International Conference on Artifical Intelligence and Soft Computing：Part Ⅱ. Zakopane：Springer-Verlag，2010：698-705.

[232] Kundu D，Suresh K，Ghosh S，et al. Multi-objective optimization with artificial weed colonies[J]. Information Science，2011(181)：2441-2454.

[233] Mehrabian A R，Yousefi-Koma A. A novel technique for optimal placement of piezoelectric actuators on smart structures[J]. Journal of the Franklin Institute，2011，348(1)：12-23.

[234] Mehrabian A R，Yousefi-Koma A. Optimal Positioning of Piezoelectric Actuators on a Smart Fin using Bio-Inspired Algorithms[J]. Aerospace Science and Technology，2007，11(2/3)：174-182.

[235] Sanraei A M，Roshanaei M，Rahimi K A，et al. Study of Electricity Market Dynamics using Invasive Weed Colonization Optimization[C]. IEEE Symposium on Computational Intelligence and Games. Perth，2008：276-282.

[236] 苏守宝，方杰，汪继文，等. 基于入侵性杂草克隆的图像聚类方法[J]. 华南理工大学学报（自然科学版），2008，5(36)：95-100.

[237] 刘晓. 舰艇编队协同反导的火力分配多目标智能优化算法研究[D]. 海军工程大学，2013.

[238] 杨澜，赵祥模，惠飞，等. 入侵式野草优化粒子滤波方法[J].吉林大学学报（工学版），2013，4(43)：1070-1075.

[239] 王璐，刘忠. 基于简化野草粒子滤波的纯距离定位算法研究[J]. 火力与指挥控制，2015，10(40)：65-68.

[240] 陈卫东，徐善驾，王东进. 距离定位中的多传感器布局分析[J]. 中国科学技术大学学报，2006，36(2)：131-136.

[241] Levanon N. Lowest GDOP in 2-D scenarios[J]. IEEE Proceedings：Radar，

Sonar and Navigation，2000(3)：149-155.

[242] Sozer E M，Stojanovic M，Proakis J G. Underwater Acoustic Networks[J]. IEEE Journal of Oceanic Engineering，2000，25(1)：72-83.

[243] Rice J，Creber B，Fletcher C. Evolution of Seaweb Underwater Acoustic Networking [C]. OCEANs 2000 MTS/IEEE Conference and Exhibition，Providence，Rhode Island：IEEE，2000：2007-2017.

[244] Rice J，Green D. Underwater Acoustic Communication and Networks for US Navy's Seaweb Program[C]. Second International Conference on Sensors Technologies and Application，NewYor，IEEE，2008：715-722.

[245] Hromin D，Chladil M，Vanatta N，et al. CodeBlue: a Bluetooth Interactive Dance Club System[C]. Proceeding of the Global Telecommunications Conference 2003，San Francisco，USA，IEEE，2003：2814-2818.

[246] Grund M，Freitag L，Preisig J. The PLUSNet Underwater Communication System：Acoustic Telemetry for Undersea Surveillance[C]. Proceeding of the 6th Conference on Sensors，Boston，IEEE，2006：1-5.

[247] 刘克中. 无线传感器网络分布式节点定位方法研究[D]. 武汉：华中科技大学，2006.

[248] 王福豹，史龙，任丰原. 无线传感其网络中的自身定位系统和算法[J]. 软件学报，2005，16(5)：857-868.

[249] 任彦，张思东，张宏科. 无线传感其网络中覆盖控制理论与算法[J]. 软件学报，2006，17(3)：422-433.

[250] 李新. 无线传感器网络中节点定位算法的研究[D]. 合肥：中国科学技术大学，2008.

[251] 惠俊英，生雪莉. 水下声信道[M]. 北京：国防工业出版社，2007.

[252] Yun N Y，Cho H J，Soo H P. Neighbor Nodes Aware MAC Scheduling Scheme in Underwater Acoustic Sensor Networks[C]. Proceeding of the International Conference on Computational Science and Engineering，Vancouve，IEEE，2009：982-987.

[253] Park M K，Rodoplu V. UWAN-MAC：An Energy-Efficient MAC Protocol for Underwater Acoustic Wireless Sensor Network[J]. IEEE Journal of Oceanic En- gineering，2007，23(3)：710-720.

[254] Liang Yue，Liu Zhong. Layer-TERRAIN：An Improved Algorithm of Terrain Based on Sequencing the Reference Nodes in UWSNs[C]. Lecture Notes in

Computer Science (ISNN2009). Wuhan，Springer Verlag，2009：217-225.

[255] 嵇伟伟. 无线传感器网络节点定位与覆盖技术研究[D]. 南京：南京理工大学，2008.

[256] 匡兴红,邵惠鹤. 无线传感器网络中基于贝叶斯技术的气体源定位研究[J]. 兵工学报，2008，29(12)：1474-1481.

[257] 邓克波. 基于无线传感器网络的能量有效的目标探测、定位与跟踪技术研究[D]. 南京：南京理工大学，2009.

[258] 邓克波，刘中. 无线传感器网络动态簇的目标跟踪[J]. 兵工学报，2008，29(10)：1197-1205.

[259] Frey H，Gorqen D. Geographical Cluster-based Routing in Sensing Covered Networks[J]. IEEE Transactions on Parallel and Distributed Systems. 2006：17(9)：899-911.

[260] Yang H，Sikdar B. A Protocol for Tracking Mobile Targets Using Sensor Networks[C]. Proceedings of IEEE Workshop Sensor Network Protocols and Applications. Piscataway，IEEE，2003：71-81.

[261] Chen W，Hou J C，Sha L. Dynamic Clustering for Acoustic Target Tracking in Wireless Sensor Networks[J]. IEEE Transactions on Mobile Computing，2004，3(3)：258-271.

[262] Garrick I，Mark J C. Parallel Particle Filters for Tracking in Wireless Sensor Networks[C]. IEEE 6th Workshop on Signal Processing Advances in Wireless Communications，NewYork，IEEE，2005：935-939.

[263] 关小杰,陈军勇. 无线传感器网络中基于量化观测的粒子滤波状态估计[J]. 传感技术学报[J]，2009，22(9)：1337-1341.

[264] Luo Z Q. Universal Decentralized Estimation in a Bandwidth Constrained Sensor Network[J]. IEEE Transactions on Information Theory，2005，51(6)：2210-2219.

[265] 吴乐南. 数据压缩[M]. 北京：电子工业出版社，2005.

[266] 吴家安. 数据压缩技术及应用[M]. 北京：科学出版社，2009.

[267] 彭启宗,武乐琴,张舰. TMS320VC55x 系列 DSP 的 CPU 与外设[M].北京：清华大学出版社，2005.

[268] Texas Instruments. TMS320VC5502 Fixed-Point Digital Signal Processor Data Manual[M]. USA：Texas Instruments，2004.

[269] Texas Instruments. TMS320VC5501/5502 External Memory Interface(EMIF)

Reference Guide[M]. USA：Texas Instruments，2004.

[270] 申发兴. 基于无线传感器网络的分布式定位跟踪系统[D]. 杭州：浙江大学，2007.

[271] 申发兴，李鸿斌，赵军，等. 面向目标跟踪的传感器网络分布式组管理机制[J]. 仪器仪表学报，2007，28(6)：966-975.

[272] 周立柱. 数据库管理系统原理与设计[M]. 北京：清华大学出版社，2004.

[273] David L Hall，Sonya A H. Mcmullen S A H. Mathematical Techniques in Multisensor Data Fusion[M]. MA：Artech House，2004.

[274] 杨露菁，耿伯英. 多传感器数据融合手册[M]. 北京：电子工业出版社，2008.

[275] Yu Y，Govindan R，Estrin D. Geographical and Energy Aware Routing：A Recursive Data Dissemination Protocol for Wireless Sensor Networks[R]. USA：UCLA Computer Science Department Technical Report，2001.

[276] Pressman R S. Software Engineering：a Practitioner's Approach[M]. New York：McGraw-Hill，2005.

反侵权盗版声明

电子工业出版社依法对本作品享有专有出版权。任何未经权利人书面许可，复制、销售或通过信息网络传播本作品的行为；歪曲、篡改、剽窃本作品的行为，均违反《中华人民共和国著作权法》，其行为人应承担相应的民事责任和行政责任，构成犯罪的，将被依法追究刑事责任。

为了维护市场秩序，保护权利人的合法权益，我社将依法查处和打击侵权盗版的单位和个人。欢迎社会各界人士积极举报侵权盗版行为，本社将奖励举报有功人员，并保证举报人的信息不被泄露。

举报电话：（010）88254396；（010）88258888

传　　真：（010）88254397

E-mail：　dbqq@phei.com.cn

通信地址：北京市万寿路 173 信箱

　　　　　电子工业出版社总编办公室

邮　　编：100036